Unterwegs mit MUSEUMSEISENBAHNEN

Kristiane Müller-Urban
Eberhard Urban

trans press

Einbandgestaltung: Sven Rauert
Titelbild: groß: Malletlok 11sm der Brohltalbahn.
Einklinker: 01 137 auf der Drehscheide des Bw Dresden Altstadt..
Foto: D. Endisch (groß); M. Klaus (klein)
Fotos Rückseite: D. Endisch (2), C. Seifert (2)
Bildnachweis: ab Seite 188

Die Angaben und Informationen in diesem Buch sind aktuell recherchiert und vor Drucklegung sorgfältig überprüft worden. Trotzdem ist darauf hinzuweisen, dass sich Fahrtage, Öffnungszeiten, Telefonnummern und andere Angaben im Lauf der Zeit ändern können. Auch die Angaben zu den Fahrzeugen können sich durch Außerdienststellungen und Neuerwerbungen ändern. Es ist zu empfehlen, sich vor dem Besuch eines Museums oder vor der Fahrt mit einer Museumsbahn nach den Öffnungszeiten oder dem Fahrplan zu erkundigen.

ISBN 978-3-613-71785-5

2. überarbeitete Auflage (die 1. Auflage ist 2019 unter der ISBN 978-3-613-71581-3 erschienen)

Sie finden uns im Internet unter www.transpress.de

Lektor: Hartmut Lange
Innengestaltung: Jürgen Knopf
Repro: Medien und Printprodukte, 74321 Bietigheim-Bissingen
Druck und Bindung: DZS GRAFIK d.o.o, 1210 Ljubljana
Printed in Slovenia

Vorwort

Dieses Buch feiert die Eisenbahn in ihren verschiedenen Formen und Arten. Zum einen die Museumseisenbahnen, die von rührigen und fleißigen Eisenbahnerinnen und Eisenbahnern betrieben werden. Ihr ehrenamtlicher Einsatz in den Vereinen für Eisenbahnfreunde kann nicht hoch genug eingeschätzt werden. Sie sorgen unermüdlich für den Erhalt von Bauwerken wie Bahnhöfen, Stellwerken und Lokschuppen, sie pflegen die Schienenwege und Signalanlagen, nicht zuletzt obliegt ihnen der Betrieb ihrer Eisenbahnen, wozu die Instandhaltung der Lokomotiven und Wagen gehört. So kümmern sie sich um das technische und kulturelle Erbe der Eisenbahn. Und sie gewährleisten, dass Freunde der Eisenbahn und ganze Familien das Abenteuer Eisenbahn erleben können. Die historischen Lokomotiven und Wagen werden bestaunt, in nostalgischem Ambiente genießen die frohgestimmten Fahrgäste die Landschaft und die Sehenswürdigkeiten, die an den Fenstern vorbeigleiten.

Zum anderen werden in diesem Buch Traditionseisenbahnen und Traditionszüge vorgestellt. Diese werden von Verkehrsunternehmen unterschiedlicher Art unterhalten und betrieben. Als Beispiel seien die Harzer Schmalspurbahnen genannt. Auch hier sind engagierte Eisenbahnerinnen und Eisenbahner im Einsatz, um Nostalgie auf Schienen in Gegenwart und Zukunft zur Freude der Passagiere zu garantieren. Die Grenzen zwischen Traditions- und Museumsbahnen sind fließend und lassen sich nicht immer eindeutig festlegen.

Gern stellen die Eisenbahner Züge für Feier- und Festfahrten zusammen. Betriebsausflüge und Jubiläen werden so zu unvergesslichen Vergnügungen. Und ein Hochzeitszug rollt auf den Schienen der Liebe und des Glücks.

Ein eigener Abschnitt dieses Buches ist den Parkeisenbahnen gewidmet, den früheren Pioniereisenbahnen der DDR. Wie auch in anderen sozialistischen Ländern waren diese Eisenbahnen zugleich großer Freizeitspaß und kinderfreundliches pädagogisches Projekt. Hier lernten die jungen Menschen Fähigkeiten und Fertigkeiten, den Umgang mit Maschinen und Menschen und außerdem Verantwortung zu übernehmen. Viele dieser Pioniereisenbahner blieben Eisenbahnfreunde für ein Leben lang oder wurden Eisenbahner von Beruf.

Ein Traditionszug auf der Lößnitzgrundbahn.

Die deutschen Museumsbahnen werden von Norden nach Süden und nach den einzelnen Bundesländern vorgestellt. Nicht in diesem Buch werden die Eisenbahnmuseen präsentiert, die nur Ausstellungen zeigen, aber keinen Fahrbetrieb veranstalten. Führerstandsmitfahrten, so interessant sie sind, vermitteln nicht das Erlebnis einer Zugreise. Auch wenn Straßenbahnen auf eisernen Bahnen fahren, wird dieses spezielle Verkehrsmittel hier nicht vorgestellt. Wie auch nicht die Gartenbahnen, die auf schmalsten Bahnen ihre Runden drehen.

Allen, die uns bei der Erstellung dieses Buches mit Rat und Tat geholfen haben, sei gedankt. Nicht zuletzt danken wir der Verlegerin, Frau Dr. Patricia Scholten, und dem Geschäftsführer Kay Labinsky, die dieses Buch verlegen, und dem Lektor Hartmut Lange für seine Kompetenz und Freundlichkeit.

Kristiane Müller-Urban und Eberhard Urban

Die Kennzeichnung der Lokomotiven

erfolgt durch die Achsfolge von vorn nach hinten. Laufachsen ohne Treibstangen werden mit arabischen Ziffern bezeichnet, angetriebene und Kuppelachsen mit Großbuchstaben. Im Hauptrahmen bewegliche Achsen sind mit einem ´ gekennzeichnet. Die beigestellten Abkürzungen, die der weiteren Definition dienen, bedeuten n = Nassdampf, h = Heißdampf, die arabische Ziffer gibt die Anzahl der Zylinder an, das kleine v ist der Hinweis auf eine Verbundmaschine, das t bedeutet, dass es sich um eine Tenderlokomotive handelt.

So sagt zum Beispiel die Bezeichnung 2´C1´ h4v, dass diese Lok zwei vordere Laufachsen hat, die im Hauptrahmen beweglich sind, dass drei angetriebene oder Kuppelachsen und eine hintere beweglich Laufachse vorhanden sind, dass sie ein Heißdampf-Verbundtriebwerk mit vier Zylindern hat.

Bei Elektro- und Dieselloks wir die Anzahl der Treibachsen, die einzeln angetrieben werden, mit einem zusätzlichen o bezeichnet; zum Beispiel Co = 3 Treibachsen, einzeln angetrieben.

Inhalt

Die eindrucksvolle Malletlok 11sm verkehrt bei der Brohltalbahn (s. Seite 87).

Angelner Dampfeisenbahn

Diese Bahn ist die nördlichste deutsche und zugleich die südlichste skandinavische Museumsbahn. Die Geschichte der Bahn begann 1977 mit dem Erwerb der Dampflok »Julchen« F 654 und zwei Reisezugwagen von den DSB Dänischen Staatsbahnen. Seit 1980 verkehren an den Fahrtagen meist zweimal die Dampfzüge zwischen Kappeln, Bahnhof am Hafen, über Scheggerott und Wagersrott nach Süderbrarup und zurück auf der 14,6 Kilometer langen Regelspurstrecke 1435 mm. Fahrtage sind vom 2. April bis Mitte Oktober-Samtage und Sonntage. Genauer Fahrplan siehe Internet.
Die Dampflok vor den Zügen mit den Wagen aus Dänemark, Schweden und Norwegen ist die S 1916, 1C h2t, 1952 bei Nohab in Trollhättan, Schweden, gebaut. Die Rangier-Diesellok ist die DL1 »Zuckersusi«, B-dh, 1949 bei Henschel in Kassel gebaut und vorher bei der Zuckerfabrik Schleswig in Dienst.

Angelner Dampfeisenbahn gGmbH
Schwennaustraße 1
D-24960 Glücksburg
Tel. +49 4642/9 25 16 53
info@angelner-dampfeisenbahn.de
www.angelner-dampfeisenbahn.de

Die Dampfeisenbahn in der Landschaft von Angeln.

Die schwedische Lok S 1916 mit dem Museumszug in Süderbrarup.

Museumsbahnen Schönberger Strand

Seit dem 18. Juni 1914 verkehrt zwischen Schönberger Strand und Schönberg (Holstein) die bereits seit 1897 tätige Kleinbahn. Bis zum 31. Mai 1975 fuhren hier täglich mehrere Zugpaare. Der VVM Verein Verkehrsamateure und Museumsbahn e. V. sorgt ab Sommer 1976 für einen Museumsbahnbetrieb (Fahrten siehe Internet) während der Sommersaison von Mai bis Oktober. Zudem gibt es Sonderfahrten zu Ostern, die spektakulären Westernfahrten im August, die festlichen Advents- und Glühweinfahrten; zur Kieler Woche im Juni gibt es einen Sonderfahrplan.

Die Strecke von Schönberger Strand nach Schönberg, Regelspur 1435 mm, ist vier Kilometer lang; manchmal führen die Fahrten 22 Kilometer weiter bis nach Kiel. Zu den Triebfahrzeugen zählen die Dampflok 3, C n2t, 1920 bei Henschel als eine stärkere Version der preuß. T3 gebaut, der Wismarer Schienenbus, Baujahr 1936, ein Triebwagen von 1925, eine Kleinlok Köf II von 1959. Das Gebäude des Museumsbahnhofs Schönberger Strand wurde 1914 erbaut, das Bahnsteigdach stammt von 1978, als der Bahnhof für den Film »Die Buddenbrooks« den Lübecker Hauptbahnhof spielte. Am Museumsbahnhof ist eine große Schau von Eisenbahnfahrzeugen zu sehen. Vom Bahnhofsvorplatz starten die Rundfahrten mit einer historischen Trambahn – an vielen Tagen von Ende April bis Ende Oktober. Der VVM betreibt auch das Eisenbahnmuseum Lokschuppen Aumühle bei Hamburg. Es ist sonntags von 11 bis 17 Uhr geöffnet.

Auch das Nahverkehrsmuseum Kleinbahnhof Wohldorf ist eine Institution des VVM. Im Wohldorfer Wald

Im Winter verkehren die Museumszüge zum Schönberger Strand mit Diesellok V 20.

Museumsbahnen Schönberger Strand
VVM Verein Verkehrsamateure und Museumsbahn e.V.
Am Schierbek 1
D-24217 Schönberger Strand
Tel. +49 4344/23 23
info@vvm-museumsbahn.de
www.vvm-museumsbahn.de

Der Dampfzug der Museumsbahn.

ist das Museum sonntags von 12 bis 16 Uhr im ehemaligen Gebäude der Güterabfertigung der einstigen elektrischen Kleinbahn Altrahlstedt-Volksdorf-Wohldorf zu besichtigen.

Geesthachter Eisenbahn

Die BGE Bergedorf-Geesthachter Eisenbahn wurde am 20. Dezember 1906 provisorisch eröffnet und nahm am 1. Mai 1907 offiziell den Betrieb auf. Drei normalspurige Kleinbahn-Strecken, Regelspur 1435 mm, waren rechts der Elbe im Südosten von Hamburg tätig.
Am 26. Oktober 1953 fuhr der letzte reguläre Personenzug von Bergedorf nach Geesthacht.

Im Frühjahr 1975 gründeten zwölf Eisenbahner und Eisenbahnfreunde die Arbeitsgemeinschaft Geesthachter Eisenbahn e. V. (GE). Um einen echten Kleinbahnbetrieb durchzuführen, kaufte die GE etliche Personenwagen der BGE, die inzwischen bei anderen Privatbahnen eingesetzt worden waren. Die Dampflok Q 350 »Karoline«, D n2t, bei Frichs in Arhus 1945 gebaut, war früher bei der DSB Dänische Staatsbahn in Dienst. Die Diesellok V7 Achsfolge B, wurde 1958 bei der MaK Maschinenfabrik Kiel gebaut. Am 19. Dezember

Die dänische Dampflok »Karoline«, Baujahr 1945.

Der historische Triebwagen DT 511 der AVL am 23. April 2023 hinter der Neetze-Brücke bei Oldershausen.

1976 wurde der Betrieb der neuen Geesthachter Eisenbahn aufgenommen.
An jeweils zwei Wochenendtagen in den Monaten April, Juni, Juli, September, Oktober und Dezember geht der Museumszug auf Fahrt. Die Strecke zwischen Bergedorf und Geesthacht ist 13 Kilometer lang, weiter nach Krümmel sind es vier Kilometer.

Arbeitsgemeinschaft Geesthachter Eisenbahn e. V.
Geesthacht Bahnhof
Dünenstr. 2
D-21502 Geesthacht
Tel. an Betriebstagen +49 4152/7 78 09
Touristinfo Geesthacht +49 4152/83 62 58
www.geesthachter-eisenbahn.de

Buxtehude-Harsefelder Eisenbahn

Buxtehude-Harsefelder Eisenbahnfreunde e. V.
Jorker Straße 4
D-21614 Buxtehude
info@bhef.club
www.bhef.club

Die Eisenbahnfreunde in Buxtehude, seit 1979 ein rühriger Verein, kümmern sich um den Erhalt und Betrieb des letzten WUMAG-Triebwagens VT 175 »Nürnberg 761«, Bauart (1A)(A1), in Görlitz 1926 gebaut, und seiner Beiwagen. Der Triebwagen, ein technisches Denkmal der Eisenbahngeschichte, ist ein Drehgestell-Triebwagen der ursprünglich mit zwei Benzolmotoren ausgerüstet war (heute sind es zwei Dieselmotoren). Nach der Hauptuntersuchung geht er zum 100. Geburtstag 2026 wahrscheinlich wieder auf Fahrt auf der regelspurigen, 15 Kilometer langen Strecke Harsefeld–Buxtehude und auf anderen Strecken in Norddeutschland.
Zum Bestand des Vereins gehört auch ein Opel Olympia, Baujahr 1953, der auf Schienenbetrieb umgebaut wurde und als Draisine eingesetzt wird.

Der einzigartige Triebwagen »Nürnberg 761« im Bahnhof Harsefeld.

Kleinbahn Deinste

Seit 1967 sammeln die Mitglieder des Vereins Deutsches Feld- und Kleinbahnmuseum e. V. Feldbahn-Fahrzeuge, die früher bei verschiedenen Firmen in Betrieb waren. Zur Zeit umfasst die Sammlung eine Dampflokomotive Typ Monta, B n2t, 1927 bei Henschel gebaut; 24 Dieselloks der Baujahre 1934 bis 1981 von Deutz, Diema, Gmeinder, Jung, Ruhrthaler, Schöma und Strüver; eine E-Lok von 1902 und einen Triebwagen von etwa 1940 und eine Draisine, dazu 3 Heeresfeldbahn-Personenwagen, Güterwagen unterschiedlicher Bauarten und ein Fakultativwagen, der durch Hinzufügen oder Entnehmen von Teilen verschiedenen Zwecken dienen kann.
Der Bahnhof Deinste von 1898 ist als Modell von der Firma Auhagen erhältlich. Die Strecke zwischen Deinste und Lütjenkamp, wo das Museum zu besichtigen ist, beträgt etwa zwei Kilometer.
Das Museum ist an den Fahrtagen geöffnet, an allen Oster- und Pfingsttagen sowie am Tag des offenen Denkmals an einem September-Sonntag, am 3. Oktober und an zwei Dezember-Wochenenden anlässlich der Nikolausfahrten. Wenn möglich werden die Züge, die stündlich verkehren, an diesen Tagen von der Dampflok gezogen.

Der Nikolaus hat für jedes Kind im Zug eine Nikolaustüte.

Kleinbahn Deinste
DFKM Deutsches Feld- und Kleinbahnmuseum e. V.
Bahnhofstraße 3
D-21717 Deinste bei Stade
Tel. +49 171/3 60 71 04
info@kleinbahn-deinste.de
www.kleinbahn-deinste.de

Heide-Express

Die 24 Kilometer lange Strecke zwischen Lüneburg und Bleckede wurde 1904 als Schmalspurstrecke errichtet, 1919 umgespurt auf Regelspur 1435 mm. Bis 1977 wurde der Personen-, 2007 der Güterverkehr eingestellt. Die 1981 gegründete AVL Arbeitsgemeinschaft Verkehrsfreunde Lüneburg e. V. hat die Strecke übernommen. Das Verkehrsunternehmen des Vereins ist die TEL Touristik-Eisenbahn Lüneburger Heide GmbH, die Fahrten wurden unter der bekannten Bezeichnung Heide-Express durchgeführt. 2010 wurde die Strecke Lüneburg–Bleckede von der OHE Osthannoverschen Eisenbahn gepachtet und wird als BlKB Bleckeder Kleinbahn genutzt. Das gesamte Streckennetz der OHE kann befahren werden, so die Gebirgsbahn Lüneburg Süd–Hützel–Soltau, 59 Kilometer; die Luhe-Bahn Hützel–Winsen/Luhe Süd, 41 Kilometer; die Elbmarschbahn Winsen/Luhe Süd–Niedermarschacht, 16 Kilometer. Bei Sonderfahrten und Charterfahrten werden auch andere Strecken der OHE benutzt.

Der Triebwagen DT 0518 von der MaK Kiel, Baujahr 1955.

Regelmäßige Fahrten finden auf der Bleckeder Kleinbahn von Ostern bis September jeden Sonntag des Monats statt, sowie am 3. oder 5. Oktober und an bestimmten Feiertagen oder zu besonderen Anlässen. Sonderfahrten werden zum Osterhasen veranstaltet, Mondscheinfahrten im Oktober, Nikolausfahrten zu Advent, Fahrten zum Lüneburger Weihnachtsmarkt und die feierlichen Heiligabendfahrten unter dem Motto »Wir warten auf das Christkind«.

Heide-Express
AVL Arbeitsgemeinschaft
Verkehrsfreunde Lüneburg e. V.
Lüner Damm 26
D-21337 Lüneburg
Tel. +49 4131/7 77 31 05
info@heide-express.de
www.heide-express.de

Lokschuppen
An der Soltauer Bahn
D-21337 Lüneburg
Bispinger Heide-Express
Bispingen-Touristik e. V.
Tel. +49 5852/95 14 14
info@bispingen -touristik.de
www.bispingen-touristik.de

Der Heide-Express mit der Deutz-Lok 230 41, Baujahr 1961.

Die Strecke Bispingen–Lüneburg wird als Bispinger Heide-Express bezeichnet und auch von der Bispingen-Touristik betreut.
Von den zahlreichen Triebfahrzeugen seien die im Einsatz befindlichen Dieselloks genannt: Lok 46-01, Typ 600 D, MaK Kiel, Baujahr 1954; Lok 230 41, Ks 230 B, Deutz Köln, 1961; Lok 2, Ks 55 B, Deutz Köln, 1963.
Von den 7 Triebwagen sind mehrere im Einsatz, darunter: DT 0504, Waggonfabrik Gotha, 1933; GDT 0518, MaK Kiel, 1955. Nebenfahrzeuge, viele Personen- und Güterwagen ergänzen den Fuhrpark des Heide-Express. Eine Besonderheit sind die drei letzten erhaltenen Wagen des vierteiligen »Sambazugs«. Dieser Zug bestand aus einem Gesellschaftswagen, einem Großraumwagen und zwei gemischten Großraum- und Abteilwagen. Mit Mitteln des Marshall-Plans wurde der Zug 1950 bei Wegmann in Kassel speziell für die OHE gebaut.

Der Ameisenbär DT 0508 auf dem Weg in die Lüneburger Heide, Der legendäre Triebwagen gehört seit 2022 zum Bestand der AVL und kann für Charterfahrten gemietet werden.

Böhmetalbahn

Die 3,5 Kilometer lange Schmalspurbahn mit Spurweite 600 mm ist die einzige in der Lüneburger Heide mit Dampfbetrieb. Zudem gibt es Dieselloks und die einzige Schmalspur-Draisinenbahn in Deutschland. Die Fahrten zwischen Altenboitzen und Altenboizen gehen durch die Böhmeschen Dörfer und über den Jordan, einen Nebenfluss der Böhme. Draisinenfahrten gibt es täglich nach Anmeldung vom 1. Mai bis 3. Oktober. Zugfahrten werden an jedem 3. Sonntag (außer Dezember) bei jedem Wetter durchgeführt, Nikolausfahrten gibt es samstags und sonntags im Dezember. An manchen Feiertagen kommt die Dampflok zum Einsatz. Diese Lok vom Typ Hidalgo, B n2t, stammt von der Lokomotivfabrik Jung und wurde 1949 gebaut. Die zwei Dieselloks OMZ 122 F (Feldbahn), Achsfolge B, kommen von Deutz. Sie heißen »Wilde Erika« und »Willem«. Die Originalwaggons sind aus den Baujahren 1894 bis 1974.

Förderberein Böhmetal-Kleinbahn e.V.
Am Bahnhof 2
D-29664 Walsrode
Betrieb
Altenboitzen 47
29664 Walsrode
Tel. +49 6098737
info@museumsbahn-walsrode.de
www.museumsbahn-walsrode.de

Eine stimmungsvolle Nikolausfahrt durch die Heide.

Moorbahn Ahlenmoor

Im Landkreis Cuxhaven erstreckt sich eines der größten Moore Niedersachsens. Das Moor IZ MoorInformationsZentrum, geöffnet von November bis April Dienstag bis Sonntag 11 bis 17 Uhr, Mai bis Oktober täglich 10 bis 18 Uhr, informiert in der interaktiven Ausstellung und bei Veranstaltungen umfassend über das Moor. Und das MoorIZ veranstaltet die Fahrten mit der Moorbahn auf der 5,7 Kilometer langen Schmalspurstrecke, Spurweite 600 mm, mit vier Haltestellen im Moor. Fahrtage im Sommerhalbjahr täglich, auch mehrmals; im Winter nur am Wochenende, bei den Winterfahrten ab Dezember gibt es Punschpausen. Zudem finden spezielle Themenfahrten statt. Drei Dieselloks ziehen abwechselnd die Aussichtszüge. Die Lok 2 stammt von Schöma, Baujahr 1932; Lok 3 ist eine Diema DS 20, Bauart B-dm, von der Diepholzer Maschinenfabrik, ebenso Lok 4.

Mit der Moorbahn durchs Moor.

Moorbahn Ahlenmoor
MoorIZ MoorInformationsZentrum
Am Hohen Kopf 3
D 21776 Wanna
Tel. +49 4757/8 18 95 58
mooriz@ahlenmoor.de
www.ahlenmoor.de

Museumsbahn Bremerhaven–Bederkesa

Die 17,6 Kilometer lange Nebenstrecke in der Regelspur 1435 mm wurde am 1. Juni 1896 eröffnet. 1968 wurden der Personen-, 1993 der Güterverkehr eingestellt. Der 1990 gegründete Verein betreibt auf der Strecke die Museumsbahn. Die Fahrt von Bad Bederkesa über Drangstedt, Debstedt, Langen, Bremerhaven-Lehe, Bremerhaven Hbf.. führt zum Schaufenster Fischereihafen Bremerhaven und zurück. An den Fahrtagen verkehren drei Züge. Fahrtage sind Sonntage von Mai bis Anfang Oktober, 2026 finden aus technischen Gründen keine Fahrtten statt.
Drei Dieselloks sind zurzeit abgestellt, die V65 02, D-dh, bei MaK in Kiel 1962 gebaut, ist im Einsatz.

Museumsbahn Bremerhaven-Bederkesa e. V.
Bahnhofstraße 18
D-27624 Geestland
Tel. +49 4745/71 69
info@museumsbahn-bremerhaven-bederkesa.de
www.museumsbahn-bremerhaven-bederkesa.de

Die Diesellok der Museumsbahn.

Moorbahn Burgsittensen

Eine Feldbahn der Spurweite 600 mm diente dem Torfabbau 1931 bis 1999. Der Verein der Moorbahn Burgsittensen veranstaltet planmäßige Moorbahnfahrten durch das Tister Bauernmoor auf der etwa vier Kilometer langen Strecke ab Burgsittensen an Sonn- und Feiertagen von März bis Dezember. In der Spargelzeit gibt es Spargelfahrten. Während der Vogelzüge werden Kranichfahrten durchgeführt vom 1. Oktober bis Mitte November. Auch Nikolausfahrten führen ins Moor. Der Moorbahn-Verein arbeitet eng mit der Naturschutzbehörde des Landkreises Rotenburg (Wümme) zusammen.
Triebfahrzeuge für die Moorbahn sind die Dieselloks Schöma CDL 20 von 1957 und die Diema von 1955.

Moorbahn Burgsittensen e. V.
Hauptstraße 70
D-27419 Tiste
Tel. +49 4282/91 15 09
moorbahn.burgsittensen@gmail.com
www.moorbahn.de

Auf Erlebnisfahrt im Tister Bauernmoor.

Moorexpress Stade–Bremen

Am 15. Oktober 1907 wurde die KBO Kleinbahn Bremervörde–Osterholz gegründet, um das Teufelsmoor an den Bahnverkehr anzuschließen. Ab 1942 hieß die Bahn BOE Bremervörde-Osterholzer Eisenbahn. Von 1971 bis 1978 wurde der Personenverkehr eingestellt, den die BOE mit der DB betrieb. 1981 entstanden die evb Eisenbahnen und Verkehrsbetriebe Elbe-Weser GmbH, die Fahrten zwischen Stade an der Elbe über Deinste, Fredenbeck, Mulsum-Essel, Hesedorf,

Moorexpress
evb Eisenbahnen und
Verkehrsbetriebe Elbe-Weser GmbH
Kundencenter Bremervörde
Am Bahnhof 1
D-27432 Bremervörde
Tel. +49 4761/99 31 16
info@evb-elbe-weser.de
www. evb-elbe-weser.de

Der Moorexpress hält in Worpswede.

Bremervörde, Basdahl-Kluste, Gnarrenburg Nord, Gnarrenburg, Nordsode, Hüttenbusch, Neu St. Jürgen, Worpswede im Teufelsmoor, Osterholz-Scharmbeck, Ritterhude, Bremen-Burg und Bremen Hbf. an der Elbe durchführt.

Fahrtage sind vom 1. Mai bis 3. Oktober die Sams-, Sonn- und Feiertage, an denen der Moorexpress mehrmals unterwegs ist – hin und zurück. Im Winter werden Sonderfahrten zu Weihnachtsmärkten und ausgewählten Zielen wie in das Künstlerdorf Worpswede oder in die Altstadt von Stade mit Programm veranstaltet.

Der Moorexpress ist entweder der Uerdinger Schienenbus VT 796 von 1956 oder der zweiteilige Dieseltriebzug VT 628 von 1991.

Kleinbahn Leeste, Pingelheini

Die Kleinbahn Bremen-Thedinghausen wurde am 1. Oktober 1908 zwischen Huchting und Brinkum, am 1. Februar 1910 zwischen Brinkum und Leeste und am 1. Oktober 1910 zwischen Leeste und Thedinghausen eröffnet. Als der erste Zug die kleine Landgemeinde Thedinghausen erreichte, nahmen Jungfrauen Aufstellung, ein Männerchor sang und ein Telegramm an den Kaiser wurde abgeschickt. So war es damals bei Einweihungen von Nebenbahnen üblich. Am 1. Oktober 1955 wurde der Personenverkehr eingestellt, der Gü-

Der Schienenbus aus Wismar, Baujahr 1936, war früher auf der Kleinbahn eingesetzt, ist heute in Bochum-Dahlhausen beheimatet, zu Besuch auf seiner alten Strecke.

terverkehr blieb. Dann wollte eine Investmentgesellschaft die Strecke übernehmen, stilllegen, abreißen und die Grundstücke mit Gewinn verkaufen. Doch die Eisenbahnfreunde und die Gemeinden retteten die Bahn. Die 26,1 Kilometer lange Strecke in Normalspur 1435 mm wird von der BTE Bremen-Thedinghauser Eisenbahn GmbH betrieben. Zurzeit ist nur die 14,4 Kilometer lange Strecke zwischen Leeste, Kirchweyhe, Südweyhe, Riede, Dibbersen und Thedinghausen in Betrieb.

Die Eisenbahnfreunde veranstalteten 1978 erste Sonderfahrten, gründeten 1990 den Verein und nannten ihren Museumszug »Pingelheini«, weil schon früher die Lokomotiven bei den Ortsdurchfahrten pingelten, also bimmelten und klingelten. Die Fahrten des Pingelheini finden am 1. Mai, an Himmelfahrt, an diversen Sonntagen im Juni, Juli und August statt. Mitte September geht es zum Thänhuser Markt, Sonderfahrten stehen im Fahrplan. Die Lok V 21, Schöma 1957, ist vor den Zug gespannt. In Wyhe-Leeste sind die Fahrzeuge beheimatet.

Kleinbahn Leeste e. V.
Museumsbahn Pingelheini

Leesterstraße 86
D-28844 Weyne
Tel. +49 173 8 02 13 07
info@pingelheini.de
www.pingelheini.de

Delmenhorst-Harpstedter Eisenbahn Historische Kleinbahn »Jan Harpstedt«

Die DHE Delmenhorst-Harpstedter Eisenbahn wurde 1912 eröffnet. In Delmenhorst hatte das Zugpersonal oft längere Pausen, die Eisenbahner gingen dann in die Gaststätte Wohlers nahe beim Bahnhof. Zugführer Johann Hasselbusch, Jan gerufen, ging alle paar Tage zu Wohlers, nicht zum Trinken, er kaufte dort seine Zigarren. Dann rief der Wirt: »Tsieh, Jan Harpstedt kummt wedder, siene Zigarrn sünd all!« Und wenn Wohlers mit dem Zug fuhr, redete er den Zugführer mit Jan Harpstedt an. Das sprach sich herum und der Name wurde auf die Bahn übertragen. Seit 1962 wurde die Bahn streckenweise stillgelegt. 1976 gründete sich der Verein, um auf der Strecke eine Museumsbahn zu betreiben. Zwei Jahre später fuhr die erste Bahn mit dem angemieteten Dieseltriebwagen T 121 der DHE. Seit 1992 steht auch der Dampfbetrieb auf

Historische Kleinbahn »Jan Harpstedt«
DHEF Delmenhorst-Harpstedter Eisenbahnfreunde e. V.

Am Bahnhof 3
D-27243 Harpstedt
Tel. +49 4244/23 80
info@jan-harpstedt.de
www.jan-harpstedt.de

Dampfzug mit Lok 2 an der Dünsener Straße vor Harpstedt.

dem Fahrplan. Die Züge verkehren auf der 22 Kilometer langen Strecke der Regelspur zwischen Harpstedt, Dünsen, Gr. Ippener, Kirchseelte, Heiligenrode, Gr. Mackenstedt, Stelle, Annenheide, Hasporterdamm und Delmenhorst Süd. Fahrtage sind einzelne Sonntage im Januar und Februar und viele Sonntage von Mai bis September, 3. Oktober. Sonderfahrten sind im Januar der Kohl- & Pinkel-Express, im Dezember Nikolaus-, Heiligabend- und Glühweinfahrten. Vor die Züge ist die Dampflok 2, C n2t, Krupp, 1955, gespannt. Auch der Triebwagen T 121 von der DHE, Wumag, 1940, ist im Einsatz. Zwei Diesselloks gehören zu den Triebfahrzeugen, die Diesellok 7, O&K, 1954, und die Diesellok 222, Deutz, 1935.

Museumsbahn Ammerland-Barßel-Saterland

Museumseisenbahn Ammerland-Barßel-Saterland e. V.
Am Wasserturm 8
D-26655 Westerstede/Ocholt
Tel. +49 4403/6 02 61 42
info@mabs-online.de
www.mabs-online.de

Der dreiteilige Schienenbus auf der Klappbrücke in Elisabethfehn.

Die regelspurige Strecke zwischen Ocholt und Sedelsberg, 27,6 Kilometer lang, wurde am 1. September 1908 eröffnet. Sie war ein Teilstück der Bahnlinie nach Cloppenburg. 1966 wurde der Personenverkehr eingestellt. 1973 erfolgte die Verbreiterung des Küstenkanals, die Brücke für den Eisenbahn- und Straßenverkehr musste abgerissen werden, sie wurde durch eine neue Straßenbrücke ersetzt. So ist seitdem die Strecke zweigeteilt. Im südlichen Teil Friesoythe-Cloppenburg ist auch eine Museumsbahn in Betrieb. Für den nördlichen Teil gründete sich 1991 der Verein MAS Museumseisenbahn Ammerland-Saterland, 2013 fand die Umbenennung in MABS Museumseisenbahn Ammerland-Barßel-Saterland statt. Schon 1994 kam der erste Leih-Triebwagen nach Ocholt. Jetzt ist der dreiteilige Schienenbus VT 98, ehemals DB-Baureihe 798, mit Beiwagen und Steuerwagen aus dem Jahr 1959 auf der Strecke zwischen Westerstede, Ocholt über Elisabethfehn mit seiner Waagebalken-Klappbrücke und Sedelsberg in Fahrt.
Von Anfang Februar bis Anfang März gibt es Kohlfahrten, im Mai und Juni Spargelfahrten, Moorfahrten und Sonderfahrten stehen auf dem Fahrplan, zum Beispiel nach Hamburg, im November zum Martins Gans- und Wildessen. Nikolausfahrten beschließen das Jahr.

Museumseisenbahn Friesoythe–Cloppenburg

Museumseisenbahn Friesoythe-Cloppenburg e. V.
Zur Alten Weide 30
D-49661 Cloppenburg
Tel. +49 4471/70 34 82
info@museumseisenbahn-friesoythe-cloppenburg.de
www.museumseisenbahn-friesoythe-cloppenburg.de

Die zuvor präsentierte Museumseisenbahn Ammerland-Barßel-Saterland ist auf dem nördlichen Teil der ursprünglichen Strecke in Betrieb. Der südliche Teil Cloppenburg-Friesoythe blieb im Besitz der DB und wurde bis zum 1. Januar 1999 von DB Cargo benutzt. Seit 2004 gehört die Strecke der städtischen Friesoyther Eisenbahninfrastruktur-Gesellschaft. Neben Güterzügen verkehren hier seit 2006 die Züge der Museumseisenbahn Friesoythe-Cloppenburg. Der Verein der Museumseisenbahn, 2003 gegründet, lässt die Züge bei Bedarf zu Sonder- und Charterfahrten fahren.
Die 26 Kilometer lange regelspurige Strecke führt von Friesoythe über Bösel, Garrel, Staatsforsten Varrelbusch, Bethen nach Cloppenburg – und zurück.
Vor die historischen Wagen und den Salonwagen wird seit 2006 die Diesellok »Klaus« gespannt, B-bh, Deutz, 1943. Seit 2007 ist auch eine Gmeinder-Lok, B-dh, Baujahr 1959, im Einsatz.
Für 2026 sind keine Fahrten geplant.

Museumseisenbahn Hümmlinger Kreisbahn

Die Kreisbahn wurde 1898 als Schmalspurbahn eröffnet, 1957 auf Normalspur umgebaut. 1993 vereinigte sich die Hümmlinger Kreisbahn mit der Meppen-Haselünner Eisenbahn zur EEB Emsländische Eisenbahn. Der Verein der Museumseisenbahn, 2000 gegründet, unternimmt auf der 28,9 Kilometer langen Strecke Fahrten wie in den 1950er Jahren. Die Züge verkehren zwischen Werlte, Ostenwalde, Sögel und Lathen, sie unterqueren zweimal die Strecke des Transrapid. Zudem werden Sonderfahrten veranstaltet. Der Fahrplan ist bei der Museumseisenbahn zu erfragen.
Der Schienenbus des Vereins ist der Uerdinger Schienenbus VT 2, 1955 als VT 98 9514 für die Bundesbahn gebaut. Der Talbot VT 1, Baujahr 1957, war auf der Kreisbahn von 1957 bis 1970 in Dienst. Für Charterfahrten kann er von der EEB gemietet werden. Der grüne Packwagen, Baujahr 1910, kann angehängt werden.

Museumseisenbahn Hümmlinger Kreisbahn e. V.
Marktstraße 1
D-49757 Werlte
Tel. +49 5951/2 01 57
info@werlte.de
www.museumsbahn-huemmlingerkreisbahn.de

Der Hümmlinger Schienenbus mit Packwagen.

Küstenbahn Ostfriesland

Die Ostfriesische Küstenbahn der Regelspur 1435 mm von Emden über Norden und Wittmund bis zum oldenburgischen Streckenteil wurde ab 1883 in Betrieb genommen. Die etwa 17 Kilometer lange Teilstrecke der Küstenbahn zwischen Norden und Dornum wird nun von der MKO Museumseisenbahn Küstenbahn Ostfriesland betrieben. Die Fahrt geht vom DB-Bahnhof Norden über Lütetsburg, Hage, Westerende nach Dornum. Hier

Die Diesellok 260 555-8 ist seit 1960 unermüdlich in Dienst.

MKO Museumseisenbahn Küstenbahn Ostfriesland e. V.

Am Bahndamm 4
D-26506 Norden
Tel. +49 4931/16 90 30
mko@mkoev.de
www.mkoev.de

wird die Lok umgesetzt für die Rückfahrt.
Fahrtage sind der 1. Januar, Ostersonntag, 1. Mai, Christi Himmelfahrt, Pfingsten, Anfang Juni bis Ende Oktober jeden Sonntag, in den Sommerferien auch mittwochs. Sonderfahrten werden veranstaltet zur Ostereiersuche am Ostermontag, Grillfahrten nach Dornum im Juli und August, September und Oktober, Nikolausfahrten und Fahrten zum Dornumer Weihnachtsmarkt.
Zum Einsatz kommen zwei historische Personenwagen aus den Jahren 1928 bis 1930, die wegen des Lärms, den sie bei der Fahrt erzeugen, »Donnerbüchsen« genannt werden. Dazu werden drei weitere Personenwagen eingesetzt, der gedeckte Güterwagen dient dem Transport der Fahrräder, im blauen Güterwagen mit Bremserhaus befindet sich der dieselbetriebene Generator zur Stromerzeugung für den Zug. Vor den Zug der Küstenbahn werden zwei Dieselloks der Baureihe V 60, Achsfolge C, gespannt. Entweder die 260 555-8, von Krupp 1960 gebaut, oder die V 60 062, 1963 in Lizenz in Belgien hergestellt. Für Rangier- und Streckenarbeiten wird die Kleinlok Köf 6152 namens »Helga« eingesetzt, die 1953 bei Gmeinder entstand.
Im historischen Lokschuppen in Norden ist ein sehenswertes Eisenbahnmuseum eingerichtet. Unter anderem sind Diesellokomotiven, eine Feldbahnlok, eine Motordraisine und Güter- und Personenwagen zu besichtigen – jeden Sonntag von Mai bis Oktobervon 10 bis 16.30 Uhr.

Meppen-Haselünner Eisenbahn

Am 13. Oktober 1894 wurde die Teilstrecke Meppen-Haselünne der Kreisbahn MHE Meppen-Haselünner Eisenbahn in der preußischen Provinz Hannover eröffnet. Und schon am 12. August 1888 der Abschnitt Essen (Oldb.)-Löningen als Staatsbahn der GOE Großherzoglich Oldenburgischen Eisenbahn. Über Reichsbahn und Bundesbahn kam die Strecke wieder zur MHE und 1993 schließlich zur Kreisbahn der EEB Emsländischen Eisenbahn.
Auf der 52,5 Kilometer langen Regelstrecke zwischen Meppen und Essen und auf der 21 Kilometer langen Teilstrecke zwischen Haselünne und Löningen fährt seit 1988 der Museumszug der Eisenbahnfreunde Hasetal. Fahrtage sind vom 1. Mai bis Anfang Oktober einzelne Sonntage. Zudem geht der Teddybär-Express auf Fahrt. Und mit dem nostalgischen Salonwagen gibt es an Samstagen von Januar bis März kulinarische Fahrten mit deftigem Grünkohl, von März bis April mit gebratenem Spanferkel.
Vor die historischen Wagen wird die Dampflok »Niedersachsen« gespannt. Diese Maschine vom Henschel-Typ Bismarck, C n2t, wurde im Jahre 1922 gebaut. Betriebsbereit sind auch die zwei Diesellokomotiven. Die V 23, B-dh, stammt von Deutz, Baujahr 1954; die V 32, C-dh, kommt auch von Deutz, ebenfalls, Baujahr 1960.

Der Museumszug mit der Dampflok »Niedersachsen«.

MHE Meppen-Haselünner Eisenbahn EHH Eisenbahnfreunde Hasetal-Haselünne e. V.

Hopfenmarkt 3
D-49740 Haselünne
Tel. +49 5923/39 28
www.eisenbahnfreunde-hasetal.net
Information/Anmeldung
Hasetal Touristik GmbH
Langenstraße 33
D-49624 Löningen
Tel. +49 5961/14 05
info@hasetal.de
www.hasetal.de

Osnabrücker Dampflokfreunde

Seit 1568 wurde am Piesberg Kohle abgebaut, dann auch ein Steinbruch betrieben. Von 1856 bis 1867 wurden ein Zechenbahnhof und ein Anschlussgleis nach Eversberg zur Staatsbahn eingerichtet. Heute ist der Zechenbahnhof der Werksbahnhof der Firma Piesberger Steinindustrie. Hier hat der 1987 gegründete Verein der Dampflokfreunde seit 1989 sein Domizil und seinen Bahnhof. Der Verein kooperiert mit dem Museum für feldspurige Industriebahnen, das sich im selben Industrie- und Kulturpark Piesberg befindet.
An den Fahrtagen, den ersten Sonntagen der Monate April bis September verkehren mehrmals täglich die Züge auf der wenige Kilometer langen Strecke zwischen Piesberg, Osnabrück Eversburg Nord, Osnabrück Altstadt und Osnabrück Hbf.. Sonderfahrten

Osnabrücker Dampflokfreunde e. V.
Zechenbahnhof Piesberg
Süberweg 60
D-49090 Osnabrück
Tel. +49 541/1 20 88 08
buero@osnabruecker-dampflokfreunde.de
www.osnabruecker-dampflokfreunde.de

führen zu Festen und Veranstaltungen verschiedener Art weit ins Land.
Die Dampflok 41 052, 1´D1´ h2, Henschel, 1939, ist in Aufarbeitung. Ebenso sind es die Diesellokomotiven VT 60 531, 1940, und VS 145 194, 1939. Betriebsfähig sind einige Diesellokomotiven wie die V 65 001, D-dh, MaK, 1956, die erste Lok dieser Baureihe; Köf 4807, Krauss-Maffei, 1935; zwei Deutz-Lokomotiven, 1941, 1964.

Museum für feldspurige Industriebahnen, Osnabrück

Im Industrie- und Kulturpark Piesberg, in dem auch die Dampflokfreunde ihr Domizil haben, ist das Feldbahn-Museum mit seiner zurzeit etwa 1,2 Kilometer langen Strecke der Spurweite 600 mm tätig. Die Verlängerung der Strecke um drei Kilometer wird demnächst vorgenommen. Auch eine Ausstellungshalle ist in Vorbereitung.
Zurzeit sind hier drei Loks in Aufarbeitung, 14 sind betriebsfähig, elf sind abgestellt. Die Baujahre reichen von 1935 bis 1968. Die betriebsfähigen Loks sind »Holperdorp«, Deutz, 1952; »Piesberg«, Deutz, 1955; »Köndringen«, Diema, 1950; »Bockhorn«, Diema 1954; »Zwolle«, Diema, 1963; »Ditzum«, Diema, 1968; »Bamstorf«, Schöma, 1935; »Bremen«, Schöma, 1938; »Holdorf«, Schöma, 1954; »Würgendorf«, Jung, 1941; »Rumfleth«, Jung, 1951; »Nordhausen«, LEW, 1966; »Peißenberg«, Deutz/Ruhrthaler, 1946; »Osnabrück«, Strüver, 1965.
Fahrtage sind von April bis Oktober jeder erste und dritte Sonntag im Monat, 10 bis 18 Uhr. Sonderfahrtage werden bekannt gegeben.

Feldbahn Piesberg Osnabrück e.V.
Fürstenauerweg 180
D-49090 Osnabrück
Tel. +49 251 22019
info@feldspur.de
www.feldspur.de

Eine Feldbahn-Lok von insgesamt 28 Dieselloks des Museums.

Bruchhausen-Vilsen–Asendorf Erste Museums-Eisenbahn Deutschlands

Ein DEV-Personenzug auf Fahrt.

Der Deutsche Eisenbahn-Verein, 1964 als Deutscher Kleinbahn-Verein konstituiert, gründete 1966 in Bruchhausen im Landkreis Diepholz die Erste Museums-Eisenbahn Deutschlands. Die 7,8 Kilometer lange Schmalspurstrecke, Spurweite 1000 mm, die seit 1899 in Betrieb ist, bildet mit Lokschuppen, Empfangsgebäude und anderen Einrichtungen, nicht zuletzt mit den Fahrzeugen, das Niedersächsische Kleinbahn-Museum. Es ist an den Fahrtagen zugänglich – vom 1. Mai bis 4. Oktober fahren an den Sams-, Sonn- und Feiertagen mehrere Züge von Bruchhausen-Vilsen über Vilsen Ort, Wiehe Kurpark, Vilser Holz, Heiligenberg, Klosterheide, Arbste nach Asendorf und zurück; an manchen Haltepunkten wird nur bei Bedarf gehalten. Osterfahrten, Fahrten zum Kartoffelmarkt in Asendorf und Nikolausfahrten werden veranstaltet. Zudem gibt es Kulinarische Sonderzüge. Meist sind es Dampfzüge, die zum Einsatz kommen.

Sechs Dampfloks gehören dem Deutschen Eisenbahn-Verein, es sind die »Bruchhausen«, C n2t, Hanomag, 1899; »Franzburg«, B n2t, Vulcan Stettin, 1894; »Hermann«, C n2t, Hohenzollern, 1911; »Hoya«, C n2t, Hanomag, 1899; »Plettenberg«, B h2t, Henschel, 1927; »Spreewald«, 1´C n2t, Jung, 1917.

Fünf Dieselloks aus den Jahren 1941 bis 1957 stehen zur Verfügung; und sechs Triebwagen von 1925 bis 1950. 31 Personenwagen und verschiedene Güterwagen sind vorhanden. Einige normalspurige Fahrzeuge können besichtigt werden.

DEV Deutscher Eisenbahn-Verein e. V.

Am Bahnhof 1
D-27305 Bruchhausen-Vilsen
Tel. +49 4252/9 30 00 und 93 00 21
info@museumseisenbahn.de
www.museumseisenbahn.de

Ein Arbeitszug der Ersten Museums-Eisenbahn Deutschlands.

Kaffkieker in der Grafschaft Hoya

Die Verkehrsbetriebe Grafschaft Hoya GmbH entstanden1963 aus dem Zusammenschluss der Kleinbahn Hoya-Syke-Asendorf GmbH und der Hoyaer Eisenbahn-Gesellschaft. Abschnittsweise wurde ab 1900 die meterspurige Strecke eröffnet, 1962 erfolgte der Umbau zur Normalspur 1435 mm.

Auf der 36,7 Kilometer langen Strecke zwischen Syke, Süstedt, Bruchhausen-Vilsen, Hoya, Hassel und Eystrup mit vielen Bedarfshaltestellen fährt der »Kaffkieker« von Kaff zu Kaff, und die Fahrgäste können auf die Kaffs kieken. Das Fahrzeug ist der Triebwagen T 3 des DEV Deutscher Eisenbahn-Verein. Es ist ein GDT Großraum-Dieseltriebwagen, der von 1953 bis 1961 von der MaK Maschinenbau Kiel in 13 Exemplaren für nichtbundeseigene Bahnunternehmen gebaut wurde, Bauart (1A)´(A1)´-dh, mit 108 Sitz- und 72 Stehplätzen. Der DEV-GDT 0520 stammt aus dem Baujahr 1959, war bis 1977 bei den OHE Osthannoverschen Eisenbahnen in Dienst, wurde dann mit anderen GDTs nach Italien verkauft, kam 2003 auf die Strecke Niebüll-Tondern, 2005 auf ein Abstellgleis in Kiel, 2007 zum DEV und ist jetzt als »Kaffkieker« eine Attraktion für Eisenbahnfreunde und Touristen.

Fahrtage sind vom 1. Mai bis 3. Oktober Sonntage in den Monaten, am letzten August-Wochenende zum Brokser Heiratsmarkt, immer gibt es Anschluss zur Museums-Eisenbahn in Bruchhausen-Vilsen sowie an die Nahverkehrszüge in Syke und Eystrup; auch Sonderfahrten werden veranstaltet.

Triebwagen T 3 »Kaffkieker«.

VGH Verkehrsbetriebe Grafschaft Hoya
Am Bahnhof 1
D-27318 Hoya
Tel. +49 4251/9 35 50
info@vgh-hoya.de
www.vgh-hoya.de

Museumsbahn Verden (Aller)–Stemmen

Die VWE Verden-Walsroder Eisenbahn wurde 1910 für den Personen- und Güterverkehr eröffnet. 1936 wurde der Mittelteil der Strecke stillgelegt, 1964 und 1969 andere Teilstrecken. Seit 1990 bieten die Verdener Eisenbahnfreunde wieder die Möglichkeit, die Kleinbahn-Idylle auf der 11,8 Kilometer langen Regelspurstrecke zu erleben. Die Fahrt von Verden geht über Eitze, Luttum (Bedarfshalt), Hohenaverbergen, Armsen und Neddeaverbergen nach Stemmen – und zurück. Am Oster-Sonntag beginnt die Saison, weitere Fahrten im Juni bis 3. Oktober, Nikolausfahrten im Dezember. Dauerhafte Stillegung ist geplant.

Als Triebfahrzeug dient Diesellok V 22 »Magdeburger«, B-dm, 1975 von LKM Lokomotivbau Karl Marx in Babelsberg gebaut. In Aufarbeitung sind DL 4, eine MaK-Maschine 240 B von 1964, die V 20 von Gmeinder 1947 und DL 2, von Klöckner-Humboldt in Deutz 1939 hergestellt.

Die Museumsbahn im Endbahnhof Stemmen.

VEF Verdener Eisenbahnfreunde e. V.
Postfach 11 03
D-27261 Verden
Tel. +49 175 5550070
info@kleinbahnexpress.de
www.kleinbahnexpress

Der Verdener Kleinbahnexpress vor Armsen.

Dampfeisenbahn Weserbergland Schienenbus »Der Schaumburger«

Die RStE Rinteln-Stadthagener Eisenbahn eröffnete im Jahr 1900 ihre 20,4 Kilometer lange Strecke in der Regelspur 1435 mm. Heute ist es die Stammstrecke zwischen Rinteln Nord und Stadthagen West der Dampfeisenbahn Weserbergland e. V. Der Verein wurde 1972 gegründet und konnte ein Jahr später schon seine erste Fahrt durchführen. An einzelnen Tagen in den Monaten April/Mai bis Oktober werden je drei Fahrten durch das Schaumburger Land veranstaltet. Sonderfahrten zu Nikolaus, zu den Weihnachtsmärkten nach Osnabrück und Goslar und zu Dampflokfesten und Zielen in der Ferne gehören zum Programm. Vor die Züge wird die Dampflok 52 8038, 1´E h2, gespannt. Sie

Die Dampfeisenbahn mit Lok 52 8038 bei Steinbergen.

wurde 1995 erworben, instand gesetzt, auf den Namen »Else« getauft und ist seit 1996 in Dienst. Gebaut wurde sie 1943 in der Oberschlesischen Lokomotivfabrik Krenau als 52 52274. Die polnische Fabrik wurde 1919 in Chrzanów gegründet, hieß Fablok, wurde 1939 durch die deutschen Besatzer übernommen und baute vor allem Kriegslokomotiven der Baureihe 52. Die Lok wurde im RAW Stralsund rekonstruiert und erhielt die neue Nr. 52 8038.
Weitere Triebfahrzeuge sind die Dieselloks V 7 (V 60), Achsformel C, Baujahr 1967; die V 12, B, bei der Adam Opel AG in Rüsselsheim 1940 gebaut; die V 18 (WR 360 C), eine ehemalige Wehrmachtslok von 1941; und die Köf V 16.
Der Förderverein Eisenbahn Rinteln-Stadthagen e. V. arbeitet freundschaftlich mit der Dampfeisenbahn zusammen und benutzt die gleiche Strecke mit seinem Uerdinger Schienenbus 796 901, Bo, Baujahr 1960, genannt »Der Schaumburger«. Wegen Reparatur finden z. Z. keine Fahrten statt.

DEW Dampfeisenbahn Weserbergland e. V.

Postfach 11 02 45
D-31729 Rinteln
Tel. +49 5722/2 81 31 37
info@dampfeisenbahn-weserbergland.de
www.dampfeisenbahn-weserbergland.de

Der Schaumburger überquert die DB-Strecke in Richtung Stadthagen.

Schienenbus »Der Schaumburger«
FERSt Förderverein Eisenbahn Rinteln-Stadthagen e. V.

Bahnhofstraße 7
D-31683 Obernkirchen
Tel. +49 176/13 45 60 63
ferstpr@gmx.de
www.der-schaumburger-ferst.de

Historischer Schienenverkehr Braunschweig–Wittmar

Die Braunschweiger Verkehrsfreunde gründeten 1949 ihren Verein, um ein Eisenbahnmuseum zu errichten und eine Museumsbahn der Regelspur zu betreiben. Heute umfasst das Museum im ehemaligen DB-Ausbesserungswerk eine Erlebnisfläche von 27.000 Quadratmetern. LokPark heißt das Museum, geöffnet ist es von Mai bis Oktober an jedem ersten Sonntag im Monat von 13 bis 17 Uhr. Hier ist eine Vielzahl von Dampf- und Dieselloks, Triebwagen und anderen Exponaten zu besichtigen.
Asse-Bummler heißt der Museumszug, der an bestimmten Tagen auf der 24 Kilometer langen Strecke vom LokPark über Braunschweig Hbf., Wolfenbüttel, Wendessen nach Wittmar (Asse) und zurück fährt – in gemütlichem Tempo wie damals. Bis Wolfenbüttel verläuft die Fahrt auf der Trasse der ältesten, 1838 eröffneten deutschen Staatseisenbahn. Charterfahrten nach überall hin werden angeboten.
Gezogen werden die historischen Wagen von der Dampflok VBV 102 »Braunschweig«, C n2t, unter der Werksbezeichnung »Pudel« 1925 bei Jung gebaut.

Asse-Bummler
VBV Verein Braunschweiger Verkehrsfreunde e. V.

Schwartzkopffstraße 3
D-38126 Braunschweig
Tel. +49 531/2 64 03 40
info@vbv-bs.de
www.asse-bummler.de

Warnetalbahn Börßum–Salzgitter-Bad

Die 16 Kilometer lange Strecke, Teil der Braunschweigischen Südbahn, hat ihren Namen nach dem kleinen Fluss Warne. Die normalspurige Bahn wurde 1856 eröffnet. 1976 wurde der Personen-, 1988 der Güterverkehr eingestellt. Schon 1978 gründeten Eisenbahnfreunde den Verein Dampflok-Gemeinschaft 41 096, um diese Lokomotive, 1´D1´ h2, 1939 bei Krupp gebaut, wieder in betriebsfähigen Zustand zu versetzen und die Warnetalbahn instand zu halten. Heute gehören dem Verein eine Diesellok Köf II, Henschel, 1933, die Draisine »Karl«, FKF Frankfurt, 1959, und eine Handhebel-Draisine. Inzwischen wurde eine Tourismus und Warnetalbahn GmbH gegründet, in deren Auftrag der Verein die Museumsbahn betreibt. Betriebsmittelpunkt ist der Bahnhof Klein Mahner. Neben den Fahrten auf der Warnetalbahn, deren Fahrplan zu erfragen ist, werden Charterfahrten angeboten.

WTB Warnetalbahn
Dampflok-Gemeinschaft 41 096 e. V.

Postfach 511380
D-38243 Salzgitter
Tel. +49 531/2262252
anfrage@dg41096.de
www.dg41096.de

Historische Eisenbahn Vienenburg

Zur Stadt Goslar gehörig hat Vienenburg im Historischen Bahnhof von 1840 ein Eisenbahnmuseum mit Fahrzeugen im Außengelände. Das Museum in der Bahnhofstraße 8, ist jeden 1. Sonntag im Monat von 13 bis 17 Uhr geöffnet, wird vom VEV Verein zur Förderung des Eisenbahnmuseums Vienenburg, 1988 gegründet, betreut. Das Museum gehört der Stadt Goslar, ebenso die ehemalige Güterzug-Dampflok 52 1360-8, 1´E h2, 1943 bei Borsig in Berlin gebaut. Die Lok stand im Freigelände des Museums, ein Einsatztrupp vom Dampflokwerk Meiningen hat 1993 die Lok betriebsbereit aufgearbeitet. Die Historische Eisenbahn Vienenburg, eine Organisationseinheit des Vereins, betreibt einen Regelspurzug aus Fahrzeugen der ehemaligen Bundesbahn, wozu ein Speisewagen gehört, vor den die 52 1360-8 gespannt wird. Mehrmals im Jahr gehen die Fahrten weit ins Land aus verschiedenen Anlässen zu unterschiedlichen Zielen.

Blick in das Eisenbahnmuseum Vienenburg.

Historische Eisenbahn Vienenburg
VEV Verein zur Förderung des Eisenbahnmuseums Vienenburg e. V.

Neuer Markt 8
D-38895 Derenburg
Tel. +49 394 53/63 11 31
eisenbahn-harzvorland@t-online.de
www.eisenbahn-harzvorland.de

Almetalbahn

Von der historischen Almetalbahn, 1899 eröffnet, inzwischen teilweise stillgelegt, gibt es noch eine etwa ein Kilometer lange Strecke der Regelspur 1435 mm beim Bahnhof Almstedt-Segeste, Bahnhofsallee 25, der unter Denkmalschutz steht. Unter Denkmalschutz befindet sich auch die Dampflok »Schunter«, eine preuß. T3, C n2t, 1901 bei Hanomag gebaut.
Mit Hilfe von Spenden ist sie wieder in einen betriebsbereiten Zustand versetzt worden. Im Einsatz sind die Rangierlok 6007, Köf II, 1937 bei der Berliner Maschinenbau AG vorm. L. Schwarzkopff gebaut; die Rangierlok MBA, Typ 2D, 1943 bei Maschinen und Bahnbedarf in Dortmund hergestellt; der Rottenwagen Klv 51, 1957 bei der FKF Friedrichshafener Kugellager Fabrik produziert. Ein Rottenwagen dient zum Transport von Arbeitergruppen (Rotten) und Baumaterial, die Bezeichnung Klv bedeutet Kleinwagen mit Verbrennungsmotor. Der Museumsbahnhof ist samstags von 11 bis 18 Uhr, sonntags von 10 bis 17 Uhr bei freiem Eintritt geöffnet, Fahrtermine sind an Wochenenden im Mai, Juli, August, September.

Almetalbahn
Arbeitsgemeinschaft Historische Eisenbahn e. V.
Schwarze Heide 44
D-31199 Diekholzen
Tel. +49 5121/26 13 88
webmaster@almetalbahn-online.de
www.almetalbahn-online.de
Bahnhof
Bahnhofsallee 25
D-31079 Almstedt

Die Köf II vor dem Bahnhof.

Dampfzug-Betriebs-Gemeinschaft Bornum–Derneburg, Loburg–Altengrabow

Zwei regelspurige Strecken bedient der Verein mit seinen Niederlassungen. Die 15,7 Kilometer lange Strecke führt von Bornum am Harz über Bockenem nach Derneburg. Weil der Schienenweg durch das Tal der Nette führt, heißt die Bahn auch Nettetalbahn. Die Anfänge der Bahn liegen im Jahr 1887. Die andere Strecke liegt im Jerichower Land in Sachsen-Anhalt, ist 12 Kilometer lang und verbindet Loburg über Lübars mit Altengrabow. Hier beginnt die Geschichte im Jahr 1903.
An verschiedenen Fahrtagen sind die Museumszüge auf den Strecken unterwegs. Sonderfahrten und Glühweinfahrten werden durchgeführt.
Im Nettetal kommt meist die Dampflok 89 7513, Typ Pudel, C n2t, Jung, 1911, zum Einsatz. Die andere Dampflok ist die 24 083, 1´C h2, Schichau, 1938. Sieben verschiedene Dieselloks gehören auch dem Verein. Auf der Strecke in Sachsen-Anhalt sind oft Dieselloks in Betrieb.

Der Dampfzug mit Lok 89 7513 bei Bockenem.

DBG Dampfzug-Betriebs-Gemeinschaft e. V.
Postfach 10 03 27
D-31103 Hildesheim
Arbeitskreis Loburg
Chausseestraße 4a
D-39279 Loburg
Tel. +49 39245/20 42
info@dampfzug-betriebs-gemeinschaft.de
www.dampfzug-betriebs-gemeinschaft.de

De Lütt Kaffeebrenner, Klütz

Zwischen Lübeck und Wismar erstreckt sich an der Ostsee die schöne Landschaft des Klützer Winkels. Auf einer Streckenlänge von acht Kilometern verkehrt die Schmalspur-Kleinbahn, Spurweite 600 mm, zwischen der Schlossstadt Klütz über Stellshagen nach Reppenhagen. Der Klützer Bahnhof steht unter Denkmalschutz. Der Name der Bahn stammt aus der Zeit, als mit der Kleinbahn ein Teil der Getreideernte des Klützer Win-

Die Gmeinder-Lok auf dem Weg nach Reppenhagen.

Die Brigadelok in Klötz auf der Segmentdrehscheibe, eine der wenigen in Deutschland.

kels von Klütz zur Malzfabrik nach Grevesmühlen gebracht wurde und dort zu Malzkaffee geröstet wurde. Die Fabrik ist heute Sitz der Verwaltung des Landkreises Nordwestmecklenburg.
De Lütt Kaffebrenner fährt im April, Mai, Juni, September und Oktober donnerstags und freitags, Juli und Oktober montags bis freitags, im Juli und August von Montag bis Sonntag. Vier Dieselloks ziehen die Züge; von der Diepholzer Maschinenfabrik F. Schöttler kommen die Loks Diema DFL 75, B dh, Baujahr 1992; Diema DS 90, B dh, 1960; Schöma CFL 150, B dh, 1965; von Gmeinder die HF 130, 1952.
Die Dampfzüge fahren aus besonderen Anlässen. Die Loks stammen von Henschel in Kassel; Die Lok Riesa B 70, B n2t, wurde 1948 gebaut; die Brigadelokomotive, D n2t, 1918.
Bei Henschel wurde 1904/05 der Prototyp der späteren Brigadelok entwickelt. Etwa 2.500 Stück der D-gekuppelten Maschinen wurden bis 1919 von verschiedenen Herstellern gebaut. Heute sind noch in vielen Ländern der Welt Brigadelokomotiven in Dienst oder inzwischen abgestellt.

De Lütt Kaffeebrenner
Stiftung Deutsche Kleinbahnen
Bahnhofstraße 4
D-23948 Klütz
Tel. +49 38825/3 71 65
info@stiftung-deutsche-kleinbahnen.de
www.stiftung-deutsche-kleinbahnen.de

Eisenbahnfreunde Wismar e.V. Lokschuppen Wismar

Der im Jahr 2000 gründete Verein »Eisenbahnfreunde Wismar e.V.« erhält das ehemalige Bahnbetriebswerk (Bw) Wismar, das die Stadt im Jahr 2007 von der DB AG erwarb. Gleichzeitig sammeln, restaurieren und betreiben die engagierten Vereinsmitglieder Fahrzeuge mit Bezug zur Wismarer Eisenbahngeschichte bzw. zum ehemaligen Wismarer Eisenbahnbetrieb. Möglichst mit eigenen Fahrzeugen oder in Zusammenarbeit mit anderen Vereinen und Eisenbahnverkehrsunternehmen führt der Verein auch Sonderfahrten durch. Individuelle Besichtigungen sind nach telefonischer Verabredung grundsätzlich jederzeit möglich. Auch am Tag des offenen Denkmals und Tag der Schiene, sowie jeden 1. Samstag von Mai bis Oktober ist das Gelände geöffnet.

Eisenbahnfreunde Wismar e.V.
Poeler Straße 3 (ehem. Bahnbetriebswerk)
23970 Wismar
Telefon: +49 3841/4725476
E-Mail: info@lokschuppen-wismar.de
www.lokschuppen-wismar.de

Meckelborger Isenbahn

Die MEF Mecklenburgischen Eisenbahnfreunde Schwerin betreiben das Mecklenburgische Eisenbahn- und Technikmuseum auf dem Gelände des ehemaligen Bahnbetriebswerks Schwerin. Die einstige Lokwerkstatt der mecklenburgischen Friedrich-Franz-Eisenbahn ist der Mittelpunkt des Museums. Dampfloks wie die 03 1090, 64 007, 89 008, 50 3694, verschiedene Dieselloks und Triebwagen, Personen und Güterwagen, Signale, Werkzeuge und Geräte sind zu besichtigen. Das Museum ist jeden letzten Samstag im Monat von 10 bis 16 Uhr geöffnet, von April bis September bis 17 Uhr. Die Dampflok 91 134 ist betriebsfähig. Die preuß. T9.2, 1´C n2, 1898 bei der Elsässischen Maschinenbau-Gesellschaft Grafenstaden gebaut, ist mit historischen

MEF Mecklenburgische Eisenbahnfreunde Schwerin e. V.

Zum Bahnhof 13
D-19053 Schwerin
Tel. +49 171/6 81 66 57
info@mef-schwerin
www.mef-schwerin.de

Wagen hin und wieder als Meckelborger Isenbahn auf Sonderfahrten im Einsatz.

Die 03 1090-5 wurde 1940 bei Krauss-Maffei gebaut.

Mecklenburg-Pommersche Schmalspurbahn

Zwischen 1888 und 1891 wurde vom Staatsbahnhof Ferdinandshof zur Zuckerfabrik Friedland eine 27 Kilometer lange Strecke in der Spurweite 600 mm erbaut. 1892 wurde sie Teil der neuen MPSB Mecklenburg-Pommerschen Schmalspurbahn AG. Das Schienennetz für den Güter- und Personenverkehr wuchs stetig, erreichte schließlich eine Länge von über 250 Kilometern. Nach dem Zweiten Weltkrieg wurde der Verkehr eingestellt, die Schienen wurden abgebaut und waren Teil der Reparationen, um einen kleinen Teil der Kriegsschäden in der Sowjetunion wiedergutzumachen. Um die Versorgung der Menschen zu gewährleisten, wurde ab 1946 ein Teil der Strecken wieder aufgebaut. In den 1960er Jahren bis 1969 wurde schließlich der Verkehr eingestellt.
1996 gründete sich der Verein Freunde der MPSB, baute die zur Zeit 2,6 Kilometer lange Strecke zwischen Schwichtenberg über Findlingsgarten nach Uhlenhorst wieder auf, sammelte Fahrzeuge und begann den Museumsbahnbetrieb. Fahrtage sind vom 1. Mai bis 3. Oktober jeden Sams- und Sonntag, besondere Anlässe für Fahrten sind der Herrentag an Himmelfahrt, die Pfingst-Dampftage, die Feste in Schwichtenberg, das Bahnhofsfest am ersten Juli-Wochenende, Halloweenfahrten Ende Oktober, Nikolaus- und Glühweinfahrten im Dezember.
Vier Loks als Dauerleihgaben sind im Einsatz. Die Dampflok vom Typ »Riesa« (B n2t) baute Henschel 1948 mit der Fabrik-Nr. 28 025, die drei Dieselloks, B-dm, stammen von Deutz, 1939, zweimal von LKM Lokomotivbau Karl Marx, 1955 und 1956. Acht Kleinbahn- und 14 Feldbahnwagen und eine Motordraisine gehören zum Fahrzeugbestand.

MPSB-Freunde e. V.

Zur Kleinbahn 7a
D-17099 Galenbeck/OT Schwichtenberg
Tel. +49 15111901846
info@mpsb.de
www.mpsb.de

Lokschuppen Pomerania Pasewalk

1865 entstand in Pasewalk der erste Lokschuppen, aus dem sich ein großes Bahnbetriebswerk entwickelte. Heute erhält der Verein Lokschuppen Pomerania e. V. die nicht mehr benötigten Anlagen und betreibt während des Sommerhalbjahrs ein Eisenbahnerlebniszentrum. Der Lokschuppen gewann 2013 den durch den Nordkurier verliehenen Preis Spielstätte des Jahres für die Festspiele Mecklenburg-Vorpommern. Das Gelände ist vom 1. Mai bis 30. September täglich von 10.00 Uhr bis 18.00 Uhr geöffnet. Als Besonderheit gibt es die Möglichkeit, auf dem ehemaligen Bw-Gelände in den Salonwagen des ehemaligen Regierungszuges der DDR zu übernachten. Es werden Einzel- und Doppelabteile in mehreren Schlafwagen angeboten. Die Wagen können in den Monaten Mai bis September gemietet werden.

Lokschuppen Parsewalk

Speicherstrasse 14
D - 17309 Pasewalk
Fax: +49 (0)3973 / 216326
www.lokschuppen-pasewalk.de

Heidekrautbahn Berliner Eisenbahnfreunde

Die Reinickendorf-Liebenwalder-Groß Schönebecker Eisenbahn AG baute ab 1901 eine Bahn in Normalspur, die aus Berlin nach Norden hinausführte in den damaligen Kreis Niederbarnim. Diese Niederbarnimer Eisenbahn brachte viele Ausflügler zur Schorfheide, in der das Heidekraut Erika wächst und blüht. So wurde die Bahn Heidekrautbahn genannt.
Der 1978 gegründete Verein der Berliner Eisenbahnfreunde nutzt seit 1990 den südlichen Teil der Heidekrautbahn, der nicht von der NEB Niederbarnimer Eisenbahn für den Personenverkehr genutzt wird, für seine Museumszüge. Die normale 16 Kilometer lange Strecke verbindet Berlin Wilhelmsruher Damm über Schildow, Mühlenbeck, Schönwalde, Basdorf, Heidekraut-Museum mit Schmachtenhagen. Das Museum auf dem Betriebsgelände der Eisenbahnfreunde ist von Anfang April bis Ende Oktober samstags von 11 bis 16 Uhr geöffnet, zusätzlich an den Fahrtagen, an denen das Museum an der Strecke liegt.
Es gibt einen Sommer- und einen Herbst-/Winterfahrplan mit vielen Sonderfahrten. So fährt ein Dampfzug zum Osterfeuer nach Brandenburg, Frühlingsdampf an Himmelfahrt, Abendfahrten mit dem Schienenbus, Nikolausfahrten, zum Berliner Eisenbahnfest, Schienenbusfahrten zum Erntefest und zum Brauhaus in Wandlitz. Zum Fahrzeugbestand gehören zwei Dampfloks, acht Dieselloks und eine Schienenbusgarnitur mit Triebwagen VT 95 9396, MAN, 1954 mit Beiwagen. Die Dampflok »Ampflwang« heißt so, weil sie in diesem Ort in Österreich früher in Dienst war; Bauart D n2t, Hanomag, 1925, zurzeit vorläufig abgestellt. Die Lok 65 1057, 1´D2´ h2, LKM, 1957, wartet auf ihre Hauptuntersuchung. So übernehmen Gastloks den Dampfbetrieb.

**Heidekrautbahn
Berliner Eisenbahnfreunde e. V.**
An der Wildbahn 2a
D-16348 Wandlitz/OT Basdorf
Tel. +49 33397/7 26 56
info@berliner-eisenbahnfreunde.de
www.berliner-eisenbahnfreunde.de

Dampflokfreunde Berlin

Die Dampflokfreunde unternehmen verschiedene Fahrten zu unterschiedliche Zielen. Erwähnt seien die Touren zum Ereignis »Berlin macht Dampf« im April und Mai, die Gurkenfahrt in den Spreewald, in die Uckermark, auf der Berlin Ringbahn, nach Chemnitz und Rheinsberg. In die Museumszüge ist auch ein historischer Mitropa-Speisewagen eingestellt. Vor die Züge ist die Dampflok 52 8177 gespannt, 1´E h2, MBA Babelsberg, 1944. Fahrten nach Wolfsburg, Braunschweig, Sonneberg, Nürnberg, Binz, Rostock zur Hanse Sail und anderen Zielen übernimmt die Diesellok 119 158, C´C´, eine der Maschinen, die von 1976 bis 1985 von der Lokomotivfabrik 23. August gebaut wurden. Die Faur AG wurde 1945 zur Erinnerung an den antifaschistischen Aufstand vom 23. August 1944 umbenannt.

Dampflokfreunde Berlin e. V.
Bw Schöneweide am Wasserturm
Landfliegerstraße 1
D-12487 Berlin
Tel. +49 30/67 89 73 40
dlfbln.swv@gmail.com
www.dampflokfreunde-berlin.com
www.berlin-macht-dampf.com

Gramzower Museums-Bahn

Die Kreisbahn Schönermark–Damme nahm 1905 den Personen-, 1906 den Güterverkehr auf. Die 25,3 Kilometer lange Regelspurstrecke, Spurweite 1435 mm, wurde im Mai 1995 von der DB eingestellt. 1992 wurde das Brandenburgische Museum für Klein- und Privatbahnen gegründet, 1998 die Museums-Bahn.
Im Museum sind über 40 Fahrzeuge verschiedener Art – von der großen Dampflok bis zu Kleinloks – versammelt, dazu Werkzeuge, Signale und Geräte. Das

Museumszug mit Diesellok V 22 01 in Damme.

Ein Teil des Museums-Freigeländes.

Museum ist von Ende April/Anfang Mai bis Oktober von Dienstag bis Sonntag von 10 bis 17 Uhr geöffnet. Führerstandsmitfahrten auf der Kleindiesellok werden an vielen Tagen veranstaltet. Auf einer etwa drei Kilometer langen Strecke können Besucher die Handhebeldraisinen selbst bewegen.
Fahrten mit der Museums-Bahn auf der zehn Kilometer langen Strecke von Gramzow nach Damme gibt es zur Saisoneröffnung am letzten Aprilwochenende, zum Bahnhofsfest Ende Juli, zum Herbstfest Anfang September, Ende Oktober Halloweenfahrten, Fahrten zum Saisonabschluss und Nikolausfahrten. Zudem werden fünf Kilometer lange Fahrten Prenzlau-Damme-Streckenende in Richtung Löcknitz durchgeführt.

GMB Gramzower Museums-Bahn
Eisenbahnmuseum Gramzow

Am Bahnhof 3
D-17291 Gramzow
Tel. +49 39861/7 01 59
eisenbahnmuseum-gramzow@freenet.de
www.eisenbahnmuseumgramzow.de

Als Triebfahrzeuge sind in Dienst die Diesellok V 22 01, B-dm, von LKM Lokomotivbau Karl Marx, Babelsberg; die Kleindiesellok Kö 5049, 1939 von den Deutschen Werken, Kiel gebaut; die Skl (Schwere Kleinlok) von 1988. Die Personenwagen der Museums-Bahn sind von 1909, Rekonstruktionen von 1961.

Pollo – Prignitzer Kleinbahn

Das erste Teilstück der Prignitzer Kleinbahnen im Nordwesten Brandenburgs, Spurweite 750 mm, wurde am 15. Oktober 1897 eröffnet. Es erweiterte sich auf 102 Kilometer Gesamtlänge. Von 1948 bis 1971 wurden die Strecken stillgelegt und abgebaut. 1993 wurden der Verein und das Kleinbahnmuseum Lindenberg gegründet. Das Museum ist an den Fahrtagen von 10

Pollo
Prignitzer Kleinbahnmuseum Lindenberg e. V.

Lindenberg 91
D-16928 Groß Pankow (Prignitz)
Tel. +49 33982/6 01 28
www.pollo.de

Lok 99 557, B´B´ n4v, Sächsische Maschinenfabrik, 1909, als Gastlok von der Preßnitztalbahn.

bis 17 Uhr geöffnet. Pollo, wie die Prignitzer Eisenbahn seit alters heißt, fährt auf der wieder aufgebauten neun Kilometer langen Strecke zwischen Lindenberg, Vettin, Brünkendorf, Klenzenhof und Mesendorf. Fahrtage sind das Wochenende Mitte Februar mit den Knieper Kohe, die Ostertage, Himmelfahrt, 1. Juni, Himmelfahrt, einzelne Wochenenden von Juli bis Oktober, Herbstfahrten im November, Nikolausfahrten im Dezember.
Zum Fahrzeugbestand gehören sechs Personenwagen, zwei Gepäckwagen, 21 Güterwagen, eine Dampflok 99 4644, D n2t, O&K, 1923, derzeit in Aufarbeitung; drei Dieselloks der Bauart V 10 C, von LKM, 1961, die V 10 103 von 1967 ist nicht betriebsfähig; die Kö 6401, B, LKM, 1957.

Historischer Lokschuppen Wittenberge Dampflokfreunde Salzwedel

Das Bahnbetriebswerk (Bw) Wittenberge blickt auf eine über 160-jährige Geschichte zurück. Bereits 1846 nahm die Berlin-Hamburger Eisenbahn (BHE) in der Elbestadt den ersten Lokschuppen in Betrieb. Doch 1997 schlossen sich die Schuppentore und der Komplex fiel in einen Dornröschenschlaf. Aber nach 15 Jahren zogen wieder Loks in den Ringlokschuppen ein: Im Herbst 2012 öffnete der Historische Lokschuppen nach einer aufwendigen Sanierung seine Tore für Besucher. Von April bis Mitte Oktober kann das weitläufige Gelände samstags von 10 bis 17 Uhr (letzter Einlass 16 Uhr) besichtigt werden (in der Wintersaison und außerhalb der Öffnungszeiten auf Anfrage). Außerdem gibt es in jedem Jahr besondere Veranstaltungen, an denen meist mehrere Loks unter Dampf stehen.
Glanzstücke der Sammlung sind vier Dampfloks der Baureihe 50.35. Außerdem können die Besucher die kleine Werklok Emma, eine schwere Güterzuglok der Baureihe 44 sowie fünf Diesel- und acht Kleindieselloks bewundern. Die Eisenbahnfreunde betreuen auch einen Lazarettwagen der DR, den Autotransportwaggon des ersten DDR-Regierungszuges und mehrere Draisinen. Neben den Loks und Wagen gehört auch das Stellwerk »Wm« von 1909 zum Eisenbahnmuseum.

Dampflokfreunde Salzwedel e.V.
Am Bahnhof 6
19322 Wittenberge
Telefon: +49 3877-56123-0
info@dampflok-wittenberge.de
www.dampflok-wittenberge.de

Ziegeleipark-Bahnen, Mildenberg

Die größte Ziegelproduktion Europas fand in Mildenberg statt und währte von 1887 bis 1991. Auf dem Gelände von zwei Ziegeleien wurde ein Freizeit- und Erlebnispark mit vielerlei Möglichkeiten vom Abenteuerspielplatz bis zum Yachthafen an der Havel eingerichtet. Zudem gibt es Veranstaltungen unterschiedlicher Art. Zu besichtigen sind die verschiedenen Produktionsanlagen der Ziegeleien mit ihren Maschinen und Anlagen. Eine Feldbahnschau zeigt die Fahrzeuge, die früher im Arbeitseinsatz in den Ziegeleien waren. Der weitläufige Ziegeleipark ist vom 1. April bis zum 31. Oktober täglich von 10 bis 18 Uhr geöffnet. Feldbah-

Ziegeleipark Mildenberg
Ziegelei 10
D-16792 Zehdenick/OT Mildenberg
Tel. +49 3307/31 04 10
info@ziegeleipark.de
www.ziegeleipark.de

nen sind heute noch zur Freude der kleinen und großen Besucher auf den Schmalspurstrecken der Spurweiten 500 und 630 mm im Einsatz. Täglich mehrmals fahren Dieselzüge auf ihrer 45-minütigen Ziegeleibahnrundfahrt. Bei der Naturpark-Tour durch die schöne Seen- und Kulturlandschaft, die zweimal täglich nach Burgwall und zurück führt, sind meist auch Dampflokfahrten im Fahrplan. Die Lowa-Lok, B n2t, LKM, 1955, kommt bei großer Waldbrandgefahr nicht zum Einsatz. Dampflokfahrten werden in der Regel von Pfingsten und an einzelnen Wochenenden von Mai bis Oktober angeboten.

Buckower Kleinbahn

Der Triebwagen 13, der ursprünglich in der Schweiz in Dienst war.

Triebwageneinheit 279.0 auf dem Bahnhof Müncheberg (Mark).

Die Kleinbahn wurde 1897 als Schmalspurbahn eröffnet und mit Dampfzügen befahren. Die 4,9 Kilometer lange Strecke ist seit 1930 umgespurt auf die Regelspur 1435 mm und elektrifiziert. Der Personenverkehr wurde bis 1998 eingestellt. Der 1992 gegründete Eisenbahnverein übernahm 2002 den Museumsbahnbetrieb.

Im Bahnhof Buckow ist ein Eisenbahnmuseum eingerichtet, hier sind ein Dutzend Elektroloks, Elektrotriebwagen und Diesellokomotiven zu sehen. Das Museum ist an den Fahrtagen von 10.30 bis 17 Uhr geöffnet.

Von Ende April bis Anfang Oktober fahren an den Wochenenden sieben Mal die Museumszüge zwischen Buckow (Märkische Schweiz) über Waldsieversdorf nach Müncheberg (Mark) und zurück. Als Triebfahrzeuge dienen die Triebwageneinheiten der Baureihe 279.0, Achsfolge Bo; die 279.003 und 005 wurden 1930 bei HAWA Hannoversche Waggonfabrik/AEG gebaut. An einigen Fahrtagen kommen auch der Triebwagen 13, BDe 4/4, 1920 bei Waggonbau AG Schlieren für die Schweizer Strecke Orb–Charvonay gebaut, zum Einsatz oder die E-Lok EL4, Achsfolge Bo, 1961 bei LEW Lokomotivbau Elektrotechnische Werke Hans Beimler in Hennigsdorf für die Strausberger Eisenbahn gebaut.

Museumsbahn Buckower Kleinbahn e. V.

Bahnhofstraße 1
D-15377 Buckow
Tel. +49 33433/57578
info@buckower-kleinbahn.de
www. buckower-kleinbahn.de

Bahnbetrieb im Bahnhof Buckow.

Lausitzer Dampflok Club

Am 17. Dezember 1991 gründeten zehn Dampflokfreunde den Lausitzer Dampflok Club und erwarben die Güterzug-Dampflok 44 2225 von der ehemaligen DR der DDR. Der Verein ist auf die freiwillige Mitarbeit von Eisenbahnfreunden und auf Geld- und Sachspenden angewiesen. Unterstützt wird der Club durch den Verein FELD Förderverein zur Erhaltung Lausitzer Dampflokomotiven e. V.

Der Club hat zwei Dampfloks im Besitz. Die 03 204-0, 2´C1´ h2, 1936 bei Borsig Berlin gebaut, und die 35 1019-5, bis 1970 die 23 1019, 1´C1´ h2, 1956 bei LKM Lokomotivbau Karl Marx Babelsberg hergestellt.

Zum Fahrzeugbestand des Clubs gehören sechs Reisezugwagen, ein Speisewagen, ein Begleiterwagen, ein Halbgepäckwagen, ein 1. Klasse-Seitengangwagen und ein Gesellschaftswagen mit Küchenabteil.

Der Club nennt sich »Ihr Partner für Historische Sonderzugfahrten«. Die Fahrten gehen oft zu besonderen Veranstaltungen weit ins Land und grenzübergreifend in Nachbarländer wie Polen und Tschechien.

Für kleinere Ausflugsfahrten sind zwei Leichtverbrennungstriebwagen aus den 1960er Jahren in Betrieb. LVT 772 heißt wegen der guten Beziehungen des Clubs zur Gemeinde Teichland »Teichland-Express«, ein zweiter LVT heißt »Erlebnispark Teichland«.

LDC Lausitzer Dampflok Club e. V.
Am Stellwerk 552
D-03185 Teichland-Neuendorf
Tel. +49 35601/8 87 35
mail@ldcev.de
www.lausitzerdampflokclub.de

Die Lok 35 1019-5 bei einem Dampflokfest in Meiningen.

Döllnitzbahn »Wilder Robert«

Die Eröffnung der Schmalspurstrecke Mügeln-Döbeln 1884 ist der Beginn der Schmalspurbahn (750 mm). Zug um Zug werden weitere Streckenabschnitte der Königlich Sächsischen Staatseisenbahnen eröffnet. Der Bahnhof Mügeln wurde der größte Schmalspurbahnhof Deutschlands. Der Dampfzug, der sich pfeifend und fauchend seinen Weg durch das Döllnitztal bahnte, wurde »Wilder Robert« genannt. Ab den 1960er Jahren wurden Teilstrecken stillgelegt. Es drohte die Stilllegung der ganzen Bahn.

Der Berliner Fahrgastverband »Pro Bahn« erreichte 1991 den Fortbestand des Güterverkehrs. Zusammen mit dem Landkreis Oschatz wurde ein Konzept zum Betrieb der Bahn entwickelt, die Döllnitzbahn GmbH übernahm den Betrieb auf der 17 Kilometer langen Strecke Oschatz-Mügeln-Kemmlitz. 2006 wurde die Strecke nach Glossen wiedereröffnet. Hier ist die Bahnerlebniswelt Glossen eine Attraktion für Eisenbahnfreunde. Die Döllnitzbahn mit ihren 20 Kilometern ist ein wichtiges Verkehrsmittel für den Personenverkehr, auf das vor allem die Schülerinnen und Schüler nicht verzichten können. Neben dem regelmäßigen Fahrbetrieb gibt es eine Vielzahl von Sonderfahrten mit Diesel- und Dampfloks wie Glühweinfahrten, Ferienfahrten, Gruselfahrten zu Halloween, Advents- und Weihnachtsfahrten. Der DBV-Förderverein »Wilder Robert« e. V. unterstützt tatkräftig die Döllnitzbahn und hilft, die Dampfloks betriebsfähig zu erhalten. Es sind die Maschinen der Gattung sächs. IV K, B´B´ n4vt; die 99 1561-2, Baujahr 1909; die 99 1574-5 und die 99 1584-4 sind von 1912. Alle drei sind in den 1960er Jahren vom Raw Görlitz aufwendig erneuert worden, was einem Neubau gleichkommt. Zudem sind drei Dieselloks im Einsatz.

Zug der Döllnitzbahn mit einer Diesellok.

Döllnitzbahn GmbH

Bahnhofstraße 6
D-04769 Mügeln
Tel. +49 34362/3 23 43
info@doellnitzbahn.de
www. doellnitzbahn.de
www.wilder-robert.de

Der Wilde Robert dampft nach Süden.

Waldeisenbahn Muskau

Graf Traugott Hermann von Arnim ließ 1895 zur Erschließung seiner Wälder und Bodenschätze und zur Förderung der Industrie eine Pferdebahn der Spurweite 600 mm errichten. Bereits im Folgefahr übernahmen Dampfloks den Betrieb. Bis zur Wende zum 20. Jahrhundert war die Streckenlänge der Muskauer Bahn auf etwa 50 Kilometer angewachsen. 1951 übernahm die Deutsche Reichsbahn die Bahn. 1978 wurde der Betrieb weitgehend eingestellt. 1984 fanden sich Freunde der Waldeisenbahn zusammen, gründeten 1991 einen Verein. 1993 erfolgte die Gründung der Gesellschaft zur Betreibung der Waldeisenbahn durch Landkreis, Kommunen und den Verein.
Weißwasser Teichstraße ist heute der zentrale Bahnhof, 200 Meter entfernt ist die »Anlage Mitte« als Fahrzeughalle und Museum eingerichtet. Es kann an Wochenenden mit Dampfbetrieb besichtigt werden.
Der umfangreiche Fahrplan umfasst viele Diesel- und Dampffahrten auf den Strecken der Waldeisenbahn. Von Weißwasser nach Bad Muskau sind es 7,1 Kilometer, von Weißwasser nach Kromlau 3,7 Kilometer; die Tonbahn von Weißwasser über Abzweig Mühlrose nach Schwerer Berg, zum Teil neu trassiert, beträgt zwölf Kilometer.

WEM Gesellschaft zur Betreibung der Waldeisenbahn Muskau mbH

Zentrale Abfahrt Bf Teichstraße
Geschäftsstelle Jahnstraße 5
D-02943 Weißwasser
Tel. +49 3576/20 74 72
wem.gmbh@waldeisenbahn.de
www.waldeisenbahn.de

Am 1. Januar fährt der Glühwein-Express nach Kromlau mit seinem Park. Am letzten Februar-Wochenende gibt es Winterfahrten nach Kromlau. Regelbetrieb zwischen Weißwasser, Bad Muskau und Kromlau findet von Ende April bis Anfang Oktober jeden Samstag und Sonntag, von Juli bis Mitte August auch dienstags, donnerstags, freitags statt; an einzelnen Wochenenden von April bis Oktober werden zusätzlich Sonderfahrten auf der Tonbahn angeboten.
Von den Lokomotiven seien die betriebsfähigen genannt: »Diana« 99 3312, D n2t, Borsig, 1912; Brigadelok 99 3315, D n2t, Henschel, 1917; Brigadelok 99 3317, D n2t, Borsig, 1918. Betriebsfähige Dieselloks sind die V 10 C, LKM 1961, 1969, 1971; Ns3, LKM, 1956 bis 1960.

Zug mit Lok »Diana« beim Bahnhof Weißwasser-Teichstraße.

Bahnerlebniswelt Glossen

Der Zug »Wilder Robert« auf der Döllnitzbahn, Schmalspur 750 mm, zwischen Oschatz über Mügeln nach Glossen hält am Bahnhof direkt neben der Verladerampe des ehemaligen Steinbruchs. Hier kann die Fahrt mit der Feldbahn, Spurweite 600 mm, fortgesetzt werden. Die etwa drei Kilometer lange Strecke führt über das Gelände des ehemaligen Quarzit-Steinbruchs. Die Feldbahn zum Abtransport des Quarzits wurde 1942 angelegt und steht unter Denkmalschutz. Bei der Fahrt sind der funktionstüchtige Steinbrecher und der Eimerkettenbagger in Betrieb zu erleben. Fünf Dieselloks ziehen die Züge. Die DIEMA DS22, 1942 von der Diepholzer Maschinenfabrik F. Schottler in der Bauart B-dm gebaut, in derselben Bauart sind die vier Loks vom Typ Ns 2f, die 1955, 1957 und 1959 von der LKM Lokomotivbau Karl Marx, Babelsberg gebaut. Dazu kommen weitere Loks aus der Sammlung Matthias Richter. Über 100 Feldbahnwagen verschiedener Bauarten sind versammelt. Der Verein Feldbahnschauanlage Glossen, 1994 gegründet, betreibt die Bahn und das Steinbruch- und Feldbahnmuseum, in dem eine Modellbahn des »Wilden Robert« zu bestaunen ist. Während der Fahrtage ist das Museum zu besichtigen: Ostersonn- und -montag, Himmelfahrt, beide Pfingsttage, Tag des offenen Denkmals im September. Sonderfahrten können vereinbart werden.

Feldbahnschauanlage Glossen e. V.
Zum Steinbruch 1
D-04769 Mügeln Ortsteil
Glossen
Tel. +49 173 6125848
kontakt@feldbahn-glossen.de
www.feldbahn-glossen.de

Auf der Fahrt der Feldbahn Glossen.

IG Dampflok Nossen

Interessengemeinschaft Dampflok Nossen e. V.
Bahnbetriebswerk Nossen
Döbelner Straße 19
D-01683 Nossen
Tel. +49 35242/434980
info@bwnossen.de
www.bwnossen.de

Das große Bahnbetriebswerk Nossen im Landkreis Meißen wurde 1923 eingerichtet. 1959 kam die 35 1113-6, 1´C1´ h2, als letzte Personenzugtenderdampflok der DR, 1959 beim LKM Lokomotivbau Karl Marx in Babelsberg als 23 1113 gebaut, nach Nossen. Nach Stationierungen in verschiedenen Orten, kam die Lok 1962 und 1963 wieder nach Nossen, wurde umgezeichnet zur 35 1113-6. 1981 ausgemustert, wurde sie im Jahr darauf zur Traditionslokomotive der DR Deutsche Reichsbahn der DDR. 1992 unternahm sie ihre letzte planmäßige Fahrt und ging 1994, als das Bw aufgelöst wurde, zum DB Museum Nürnberg. 2007 kehrte sie als Leihgabe nach Nossen zurück, wo sie als »Lady« verehrt wird. Im Bw Nossen sind verschiedene Dampfloks stationiert, betriebsfähig sind 52 8131-6, 1´E h2, Jung Jungenthal, 1943; 50 3610-8, 1´E h2, Schichau Werke Elbing, 1941; 03 2155-4, 2´C1´ h2, Borsig Berlin, 1934. Dazu kommen diverse Dieselloks und Sonderfahrzeuge.
Die IG Dampflok hat keinen festen Fahrplan, sie bietet verschiedene Fahrten auch auf der Strecke des Fördervereins Zellwandbahn e. V.

Lok 35 1113-6, die »Lady« von Nossen.

Traditionslok 58 3047 Glauchau

Interessengemeinschaft Traditionslok 58 3047 e. V.
Scheermühlenstraße 5
D-08371 Glauchau
Tel. +49 3763/7 78 28 64
info@dampflok-glauchau.de
www.dampflok-glauchau.de

Im Bw Glauchau, 1916 erbaut, fanden sich Ende der 1970er Jahre Lokführer zusammen, um als Pflegekollektiv eine für das Bw typische Lokomotive betriebsfähig zu erhalten. Die Wahl fiel auf die 58 3047, 1´E h3, 1920 bei LHW Linke-Hofmann-Werke Breslau gebaut, rekonstruiert 1961 im Raw Zwickau. Aus dem Lokführer-Kollektiv entstand 1990 die IG als Freizeitgruppe der Stiftung Bahnsozialwerk.
Inzwischen kam eine zweite Dampflok zur IG. Es ist die 35 1097, 1´C1´ h2, LKM, 1959. Die Sammlung wird ergänzt durch die Diesellok 118 770 und die E-Lok 42 001. In Zusammenarbeit mit anderen Vereinen und Gesellschaften werden die Dampfloks vor Museumszüge gespannt und gehen auf Sonderfahrten.

Museumsbahn Schönheide

MBS Museumsbahn Schönheide e. V.
Am Fuchsstein 20 A
D-08304 Schönheide
Tel. +49 37755/43 03
museumsbahn-schoenheide@web.de
www.museumsbahn-schoenheide.de

Um die Orte abseits der Hauptbahnen zu erschließen, wurde in Sachsen ab 1880 der Bau schmalspuriger Bahnen, die in bergigem Gelände preisgünstiger und schneller zu konstruieren waren, beschlossen. Als erste Schmalspurbahn wurde ab 1881 die WCd-Linie von Wilkau nach Carlsfeld in der Spurweite 750 mm erbaut. 1897 war die Strecke, 42 Kilometer lang, die längste und steilste Schmalspurbahn Sachsens. Bis 1977 fand auf der Bahn Personen- und Güterverkehr statt, Stück für Stück wurde die Strecke abgebaut. Doch Eisenbahnfreunde bauten das 3,9 Kilometer lange Teilstück zwischen Schönheide über Neuenheide, Stützengrün nach Stützengrün Neulehn wieder auf.
Fahrten werden veranstaltet vom Start in die Winterferien mit Winterfahrten im Februar, Teddybärenfahrten im März, zu Ostern, an den Tagen des offenen Lokschuppens am Wochenende Mitte Mai, Sommerdampf Mitte Juli, Anfang August ist Dieseltag, am Sonntag Mitte August Zuckertütenfahrt, an einem Wochenende im September Fahrt zum Bürstenfest, Fahrt in die Herbstferien, im November Herbstfahrten, im Dezember gibt es Nikolausfahrten und Diesel im Advent.
Betriebsfähig sind die zwei Dampfloks 99 516, 1892, und 99 582, beide sächs. IV K, B´B´n4v, 1892 und 1912, Sächsische Maschinenfabrik Chemnitz; dazu die Diesellok 199 051, V 10 C, 1964.

Preßnitztalbahn

Preßnitztalbahn
Museumsbahn Steinbach-Jöhstadt
Eisenbahn-Bau- und Betriebsgesellschaft Preßnitztalbahn
Am Bahnhof 78
D-09477 Jöhstadt
Tel. +49 37343/80 80 37
verein@pressnitztalbahn.de
www.pressnitztalbahn.de
PRESS Eisenbahn-Bau- und Betriebsgesellschaft Pressnitztalbahn mbH
Am Bahnhof 78
D-09477 Jöhstadt
Tel. +49 37343/8 08 00
info@pressnitztalbahn.com
www.pressnitztalbahn.de

Zwischen Wolkenstein und Jöhstadt im Erzgebirge wurde 1892 die fast 24 Kilometer lange brückenreiche Schmalspurstrecke, 750 mm, von den Sächsischen Staatseisenbahnen in Betrieb genommen. In den 1920er Jahren gelangte die Preßnitztalbahn zur Deutschen Reichsbahn. Von 1984 bis 1986 legte die DR der DDR den Betrieb still und baute die Strecke und viele Brücken ab.
Heimat- und Eisenbahnfreunde gründeten die Interessengemeinschaft Preßnitztalbahn e. V. und setzten die 8,5 Kilometer lange Strecke Steinbach-Jöhstadt von 1992 bis 2000 wieder instand zum Betrieb einer Museumsbahn auf Schmalspur 750 mm.
An etwa 120 Betriebstagen im Jahr – von den Dampffahrten zum Jahreswechsel bis zu den Dampffahrten

Zug der Preßnitztalbahn mit Lok 99 1542-2 nach Ausfahrt Bahnhof Schmalzgrube.

Der Zug hält im Bahnhof Steinbach.

in den ersten Tagen des neuen Jahrs – ist die Museumsbahn zwischen Jöhstadt über Ausstellungshalle, Schlössel, Loreleifelsen, Schmalzgrube, Forellenhof, Stolln, Wildbach und Steinbach unterwegs. Zu den fahrplanmäßigen Fahrten gibt es noch etwa 20 vielfältige Sonderveranstaltungen und Sonderfahrten. Zumindest an den Sams- und Sonntagen ist Dampffahrbetrieb.
Triebfahrzeuge sind die Dampflok 54, sächs. I K, C n2t, 2009 im Dampflokwerk Meiningen rekonstruiert; die 99 4511-4, K 33.6, C n2t, 1899 bei der Maschinenfabrik Krauss in München gebaut, 1966 beim Raw Görlitz-Schlauroth aufgearbeitet; fünf sächs. IV K, Baureihe 99.51-60, Bauart B´B´ n4v, Baujahre 1899 bis 1927 von der Sächsischen Maschinenfabrik Chemnitz vormals Richard Hartmann. Die drei Dieselloks 199 007 bis 199 009 wurden von 1957 bis 1964 im VEB Lokomotivbau Karl Marx in Babelsberg hergestellt.
Der Lokschuppen und die Werkstatt sind Montag bis Freitag 8 bis 15 Uhr geöffnet.
PRESS ist die moderne Eisenbahn-Bau- und Betriebsgesellschaft, die den Rasenden Roland auf Rügen (siehe Seite 120) betreibt und Sonderzugfahrten durchführt – zum Beispiel mit der Schnellzug-Dampflok 01 0509-8, 2´C1´ h2, Krupp, Essen, 1935; mit der Dampflok 86 1333-3, 1´D1´ h2t, Lokomotivfabrik Wien Floridsdorf, 1939; mit der Diesellok V 10, 112 565-7, B´B´-dh, LEW Lokomotivbau Elektrotechnische Werke Hans Beimler, Hennigsdorf.

Eisenbahnmuseum Schwarzenberg Erzgebirgische Aussichtsbahn

Der Lokschuppen in Schwarzenberg wurde 1902 erbaut, diente auch als Bahnbetriebswerk und verlor später zunehmend an Bedeutung. Der 1990 gegründete VSE Verein Sächsischer Eisenbahnfreunde erkor das Gebäude als Museum für seine Sammlung von Lokomotiven. Die bekannteste Schwarzenberger Lok ist die 50 3616-5, 1´E h2, 1940 bei Schichau gebaut und 1960 rekonstruiert. Sie ist eine Güterzugdampflok wie auch die anderen Dampfloks. Es gibt die 52 8183-7, 1´E h2, 1943 bei Henschel gebaut, 1967 rekonstruiert; 58 3049-

Schienenbus 772 312-5 im Bahnhof Walthersdorf.

Zug mit Lok 50 3616-5 bei Einfahrt in Markersbach.

2, 1´E h3, 1920 bei Hanomag in Hannover gebaut, rekonstruiert 1961; 86 1049-5, 1´D1´ h2t, 1932 bei Borsig in Berlin hergestellt; 94 2105-8, E h2t, 1923 bei Hartmann in Chemnitz gebaut; 44 351, 1´E h3, 1941 bei Borsig in Hennigsdorf hergestellt; und es gibt eine Dampfspeicherlok, bei LKM 1956 gefertigt. Dazu kommen die Dieselloks 106 992-1, 112 516-0, 118 776-4 und eine Kleinlok. Eine Vielzahl von Wagen ist vorhanden. Das Museum ist Montag bis Freitag 10 bis 14 Uhr geöffnet, Samstag April bis Oktober 10 bis 16 Uhr, November bis dritten Advent bis 14 Uhr, 24. Dezember bis Neujahr geschlossen. Die Loks und Wagen bilden die Züge der vom VSE betriebenen EAB Erzgebirgischen Aussichtsbahn. Die Züge verkehren auf der 24 Kilometer langen Normalspur zwischen Schwarzenberg, Grünstädtel, Raschau, Markersbach, Scheibenberg, Schlettau, Walthersdorf, Annaberg-Buchholz Süd, Mitte und unt. Bf. Die Fahrsaison beginnt Anfang Mai mit zwei Fahrten in den Mai, Mitte August gibt es mehrere Fahrten zum Schwarzenberger Altstadt- und Edelweißfest, Mitte September gibt es Fahrten zum Thema Eisenbahn trifft Wanderwoche, Mitte Oktober werden an zwei Tagen mehrere Fahrten »Mit Volldampf voraus«, Ende Dezember werden Licht´lfahrten durchgeführt; dazu gibt es spezielle Themenfahrten auch mit dem Schienenbus VT 772 der Eisenbahnnostalgie Vogtland; diese Fahrzeuge, Achsfolge 1A, wurden 1963 bis 1970 beim VEB Waggonbau Bautzen hergestellt.

VSE Verein Sächsischer Eisenbahnfreunde e. V.
Eisenbahnmuseum Schwarzenberg
EAB Erzgebirgische Eisenbahn

Schneeberger Straße 60
D-08340 Schwarzenberg
Tel. +49 3774/160 98 90
info@vse-eisenbahnmuseum-schwarzenberg.de
www.vse-eisenbahnmuseum-schwarzenberg.de
EAB
Tel. +49 3733/18 80 00
info@erzgebirgische-aussichtsbahn.de
www.erzgebirgische-aussichtsbahn.de

Die Schwarzenberger Loks 50 3615-5 und 52 8183-7.

Museumszug mit Lok 50 3616-5 auf dem Viadukt Markersbach

Muldentalbahn Schienentrabi-Fahrten

Die Muldentalbahn wurde ab 1875 in mehreren Teilstrecken in der Normal- oder Regelspur 1435 mm eröffnet. Ab 1889 bis Anfang der 2000er Jahre wurde der Verkehr eingestellt. Auf der fast 82 Kilometer langen Strecke zwischen Glauchau und Wurzen scheiterten bislang alle Bemühungen, eine Museumsbahn zu betreiben. Aber Schienentrabis fahren hier.

Das GKR Gleiskraftrad wurde Ende der 1950er Jahre als Kontrollfahrzeug für Oberbaukontrollen, Bahnmeistereien und als Baustellenfahrzeug vom VEB Lokomotivbau Karl Marx, Außenstelle Berlin-Adlershof, entwickelt und in Blankenburg und Potsdam gebaut. Motor, Getriebe und Achsen wurden vom zur gleichen Zeit gebauten Auto Trabant P50 verwendet. In einer ersten Serie entstanden 50 Fahrzeuge, bis 1965 weitere 50. Anfang der 1980er Jahre wurden die letzten Schienentrabis ausgemustert. Drei Fahrzeuge des Typs gehören dem Eisenbahnmuseum Schwarzenberg und sind auf Teilstrecken der Muldentalbahn in Fahrt. Fahrtage sind von April bis September verschiedene Wochenenden. Strecken sind Rochlitz–Wechselburg–Göhren, Rochlitz–Penig, Amerika–Wechselburg, Amerika–Rochsburg.

VSE Verein Sächsischer Eisenbahnfreunde e. V.
Schienentrabi-Fahrten

Paulsstraße 2
D-09306 Wechselburg
Tel. +49 176 84901281
fahrer@schienentrabi.de
www.schienentrabi.de

Die drei Schienentrabis des VSE beim Umsetzen in Wechselburg.

Sächsisches Eisenbahnmuseum Chemnitz-Hilbersdorf

Einer der größten Rangierbahnhöfe Deutschlands entstand um 1900 in Chemnitz-Hilbersdorf. Im Bw ist das Sächsische Eisenbahnmuseum zu Hause.
Die spektakuläre Ausstellung umfasst Dampfloks der Baureihen 38, 41, 43, 44, 50, 52, 57, 58, 75, 80, 86, 91,99, verschiedene Dampfspeicherloks, Dieselloks der Baureihen 102, 110, 118, 120, 219, V 15, V 60, Schnelltriebzug VT 18, verschiedene E-Loks und andere Fahrzeuge.
Das Museum ist geöffnet von Donnerstag–Samstag 10 bis 17 Uhr.
Mit der Dampflok 50 3648, 1´E h2, Krupp 1941 (gerade in Reparatur), werden Sonderfahrten durchgeführt, zum Beispiel die Ostersonderfahrten, eine Himmelfahrtstour, zum Winzerfest nach Freyburg im September, Licht´lfahrten im Dezember.

Mit Lok 50 3648 auf Licht´lfahrt.

SEM Sächsisches Eisenbahnmuseum e. V.
Frankenberger Str. 172
D-09131 Chemnitz
Tel. +49 371/46 40 08 92
info@sem-chemnitz.de
www.sem-chemnitz.de

Sächsisches Schmalspurbahn-Museum Rittersgrün

1889 wurde die Schmalspurbahn, Spurweite 750 mm, zwischen Grünstädtel und Oberrittersgrün, auch Pöhlwassertalbahn und »Pöhler Pussel« genannt, eröffnet. 1971 wurde die 9,36 Kilometer lange Strecke stillgelegt, eine Arbeitsgemeinschaft 1972 gegründet, um die sächsischen Schmalspurbahnen in Rittersgrün zu dokumentieren. Am 18. Juni 1977 wurde hier das erste Eisenbahnmuseum der DDR eröffnet. Das Empfangsgebäude und der Lokschuppen sind Sehenswürdigkeiten wie der imposante Fahrzeugbestand. Zwei Dampfloks aus der Sächsischen Maschinenfabrik Chemnitz, eine IV K 99 579, B´B´ n4v stammt von 1912, die VII K, 1´E1´ h2t, Baujahr 1933, ist abgestellt; die dritte Dampflok, 1162, B t, wurde 1903 bei O&K gebaut. Sechs Dieselloks sind vorhanden, von Jung die ZL 233, Baujahr 1935; von Diema die DFL 60, 1989; drei Dieselloks kommen vom LKM Lokomotivbau Karl Marx: Ns2k, 1956; Ns3, 1952; V 10c,1962; schließlich von Gmeinder die HF 130c, 1943. Zudem gibt es 14 Personen- und 20 Güterwagen.
Das Museum ist von Dienstag bis Sonntag von 10 bis 16 Uhr geöffnet, außerdem am 1. Januar, am Ostermontag, am 1. Mai, an Himmelfahrt, Pfingsten, 3. Oktober, an Weihnachten. Fahrtage sind im Mai, Juni bis August und es fährt eine Parkeisenbahn auf dem Gelände.

Blick auf einen Teil des Museums.

Sächsisches Schmalspurbahn-Museum Rittersgrün
Kirchstraße 4
D-08359 Breitenbrunn OT Rittersgrün
Tel. +49 3222/9 80 40 69
museum-oberrittersgruen@t-online.de
www.schmalspurmuseum.de
www.ssmo.de

Ostsächsische Eisenbahnfreunde Maschinenhaus Löbau

OSEF Ostsächsische Eisenbahnfreunde
Maschinenhaus Löbau
Maschinenhausstraße 2
D-02708 Löbau
Tel. +49 3582/21 96 00
info@osef.de
www.osef.de

Das Maschinenhaus Löbau, ein Bauwerk von 1859, dient den Eisenbahnfreunden, die sich 1990 zusammengefunden haben, als Museum und ist mittwochs von 9 bis 14 Uhr zu besichtigen. Eine Vielzahl von Lokomotiven aller Antriebsarten ist hier versammelt. Die Dampfloks der Baureihe 52 sind nicht betriebsfähig, ebenso einige Dieselloks. Betriebsfähig sind die Diesellok 112 331-4, V 100, LEW, 1971; der leichte Verbrennungs-Triebwagen LVT 772 413-1, Waggonbau Bautzen, 1965; der LVS 972 502-9, Waggonbau Görlitz, 1964; die Diesellok 118 683-2, LKM, 1967, als Leihgabe vom DB Museum Nürnberg.
Neben Veranstaltungen im Museum werden auch Sonderfahrten durchgeführt, zum Beispiel Osterfahrten, Mühlenfahrten, Fahrten nach Schwarzenberg, Advents- und Nikolausfahrten, ein Sonderzug fährt ins neue Jahr.

Lößnitzgrundbahn Traditionsbahn Radebeul

1884 wurde die 16,55 Kilometer lange Schmalspurstrecke, Spurweite 750 mm, von Radebeul durch den Lößnitzgrund über Moritzburg nach Radeburg eröffnet. Sie diente der Land- und Forstwirtschaft und der Industrie, zunehmend auch dem Ausflugverkehr. Von den Sächsischen Staatseisenbahnen ging die Lößnitzgrundbahn, liebevoll Lößnitzdackel geheißen, auf die DR Deutsche Reichsbahn über, dann an die DR der DDR, 1994 ging die Bahn an die DB. 1993 wurde der Güterverkehr eingestellt. 2004 wurde die Lößnitzgrundbahn an die BVO Bahn GmbH abgegeben, die auch die Fichtelbergbahn (siehe Seite 125) und die Weißeritztalbahn (siehe Seite 124) betreibt. 2007 erhielt die Gesellschaft den neuen Namen SDG Sächsische Dampfeisenbahngesellschaft mbH.

Der Zug der Traditionsbahn beim Schmalspurbahn-Festival mit historischen Transformatoren als Ladegut.

Der Traditionszug vor der Einfahrt in Bf Moritzburg.

Lößnitzgrundbahn

SDG Sächsische Dampfeisenbahngesellschaft mbH
Am Bahnhof 1
D-01468 Moritzburg
Tel. +49 35207/8 92 90
loessnitzgrundbahn@sdg-bahn.de
www.loessnitzgrundbahn.de

Traditionsbahn Radebeul e. V.

Lößnitzgrundstraße 46-48
D-01445 Radebeul
Tel. +49 351/79 69 62 77
verein@trr.de
www.traditionsbahn-radebeul.de

Die Züge verkehren täglich, Sonderfahrpläne gibt es zu Fasching, Himmelfahrt, zum Karl-May-Fest und zum Schmalspurbahn-Festival, zudem werden Sonderfahrten veranstaltet.
Die Lokomotiven der Lößnitzgrundbahn sind Dampfloks der Baureihen 99.73-76 und 99.77-79, 1´E1´ h2t, aus den Jahren 1933 bis 1957.
Zu den Partnern der Lößnitzgrundbahn zählt die Traditionsbahn Radebeul e. V. Ihre Züge fahren auf derselben Strecke zwischen Radebeul Ost-Radeburg. Die Traditionszüge fahren zum Radeburger Karnevalsumzug, der Osterhasen-Express und eine Teddybärenfahrt stehen im Fahrplan, auch die Züge zum Karl-May-Fest und Karl-May-Fahrten, Zugüberfälle sind dabei nicht ausgeschlossen, der Zuckertüten-Express für Erstklässler, Fahrten zum Fisch- und Waldfest nach Moritzburg, Nikolaus- und Adventsfahrten.
Die Dampfloks der Traditionsbahn sind die 99 539 und 99 586, sächs. IV K, B´B´ n4v, 1899 und 1912 bei der Sächsischen Maschinenfabrik vorm. R. Hartmann in Chemnitz gebaut, und die 99 791, 1´E1´ h2t, 1957 bei VEB Lokomotivbau Karl Marx, Babelsberg gebaut. Die Diesellok vom Typ V 10 C, Achsformel C, stammt auch vom LKM, und heißt »Lisa«.

Windbergbahn / Sächsische Semmeringbahn

Die Semmeringbahn als Teil der Südbahn in Österreich führte 1854 über den Semmering und war die erste normalspurige Gebirgsbahn Europas. Die Hänichener Kohlenzweigbahn in Normalspur diente seit 1. April 1857 dem Kohletransport aus dem Windberggebiet. Am 15. April befuhr der sächsische König Johann die Bahn und soll ausgerufen haben: »Jetzt gibt es auch in Sachsen eine Semmeringbahn.«
Nach der Eröffnung der Strecke bis Possendorf 1908 war die Gesamtstrecke 13,5 Kilometer lang. Die Windbergbahn übernahm den allgemeinen Güter- und Personenverkehr und die Fahrgäste genossen die Lustfahrten ins Gebirge.
1951 begannen die Stilllegungen der Strecke, schließlich blieb noch die Teilstrecke zwischen Freital-Birgkit und Dresden Gittersee. 1980 wurde der Windbergbahn e. V. gegründet und unternahm erste Fahrten auf der 6,06 Kilometer langen Strecke, auf der 120 Meter Höhenunterschied auf der Luftlinie von 1,5 Kilometern überwunden werden.
Zurzeit findet kein Zugbetrieb statt. Die Strecke muss wieder hergerichtet werden. Bis dahin lohnt der Besuch des Bahnhofs Dresden-Gittersee, der als Museum dient, Führungen und Führerstandsmitfahrten auf der Kleindiesellok Kö 4500 von 1934 werden angeboten, das große Gitterseer Bahnhofsfest wird am ersten September-Wochenende gefeiert.

Ein Museumszug mit der Diesellok in Gittersee.

Windbergbahn e. V.
Sächsische Semmeringbahn

Museumsbahnhof Gittersee
Hermann-Michel-Straße 5
D-01189 Dresden
Tel. +49 351/4 01 34 63
buero@windbergbahn.de
www.windbergbahn.de

Eisenbahnmuseum Dresden

Der Verein IG Bw Dresden-Altstadt e.V. betreibt das Eisenbahnmuseum im ehemaligen Bahnbetriebswerk Dresden-Altstadt, dessen traditionsreiche Geschichte bis 1872 zurückreicht. Neben der Erhaltung noch vorhandener Immobilien und technischer Anlagen für den Eisenbahnbetrieb pflegen die engagierten Mitglieder des Vereins auch die Lokomotiven des DB Museums Nürnberg (01 137, 03 001, 62 015, 89 6009, E 77 10) und die Fahrzeuge des Verkehrsmuseums Dresden (VMD) (19 017, V15 1001, V240 001,130 002, ORT 188 202, ET 188 511, EB 188 514, ET 188 521). Ihre Arbeiten umfassen Reparatur- und Wartungsarbeiten an Dampf-, Diesel-, E-Loks und Eisenbahnwagen sowie an fast allen technischen Anlagen. Das Eisenbahnmuseum öffnet den Ringlokschuppen an der Nossener Brücke zwischen April und Oktober an mehreren Samstagen und vereinzelt an Sonntagen. Außerhalb der Saison ist traditionell noch einmal zum 1. Advent geöffnet. Auf Anfrage sind auch außerhalb der aufgeführten Museumstage Führungen und Besichtigungen möglich. Seit 2017 haben Kinder bis zum 14. Geburtstag freien Eintritt (nur in Begleitung eines Erwachsenen). Zu den Museumstagen sind in der Regel die Dampfloks des Eisenbahnmuseums zwischen 10 und 16 Uhr zugänglich. Meist ist auch die Modellbahnausstellung zu besichtigen. Hinzu kommen zahlreiche Sonderveranstaltungen von denen das alljährliche Dresdner Dampfloktreffen die bekannteste ist.

Interessengemeinschaft Bw Dresden-Altstadt e.V.
Freizeitgruppe der Stiftung BSW

Zwickauer Str. 86
01187 Dresden
Mobil: +49 (0) 171 260 1802
Internet: www.igbwdresden-altstadt.de

Historische Feldbahn Dresden

Im Frühjahr 1978 retteten Eisenbahnfreunde eine alte Feldbahnelektrolok vor der Verschrottung. Das war der Beginn des Vereins und seiner umfangreichen Tätigkeiten. Mit Unterstützung der Stadt Dresden konnte ein Gelände im Stadtteil Klotzsche genutzt werden, wo Gleisanlagen, Möglichkeiten zur Unterstellung der Maschinen und eine Werkstatt entstanden. Die Sammlung wuchs stetig und das Gelände war nun zu klein. 1998 konnte schließlich eine Liegenschaft der einstigen NVA am Rand der Sächsischen Schweiz gepachtet werden. Das ehemalige Mineralölwerk Herrenleite befindet sich in einem Seitental der Elbe zwischen Pirna-Mockethal,

Die drei Dampfloks in Herrenleite.

Ein Feldbahnzug mit Lok Ns 2f in Schnee und Eis.

HFD Historischen Feldbahn Dresden e. V.
Feldbahnmuseum Herrenleite

Herrenleite 10
D-01847 Lohmen
Tel. Sa. +49 3 01/46 45 46,
sonst +49 351/8 80 40 63
info@feldbahnmuseum-herrenleite.de
www.feldbahnmuseum-herrenleite.de

Lohmen und Dorf Wehlen. 2001 begannen die Vorarbeiten für den Aufbau des Museums, Gleise und Weichen wurden verlegt.
Die Strecke in der Spurweite 600 mm ist zurzeit ungefähr zwei Kilometer lang, der Teil für den Besucherzug etwa 400 Meter. Die Strecken werden ausgebaut. Die Sammlung wächst. Im Moment gibt es drei Dampfloks, Lok 11, B n2t, 1923 bei Krauss gebaut; Lok 12, B n2t, 1936 von Henschel, und eine weitere Dampflok gleicher Art von Henschel, 1937. Dazu sind vorhanden sechs Fahrdrahtloks ab 1914, 16 Akkuloks ab 1950, zwei Benzolloks ab 1928 und etwa 100 Dieselloks ab 1920 – in den Spurweiten 500, 600, 630, 750, 900 und 1000 mm. Ein Drittel der Loks ist einsatzfähig. Dazu befinden sich in der Sammlung etwa 500 Wagen unterschiedlicher Art, vielerlei Geräte und Maschinen.
Das Museum ist von Mai bis September jeden Samstag, am 1. Mai und 3. Oktober geöffnet. Fahrbetrieb mit großem Programm gibt es am Wochenende Ende April, zur Feldbahnschau an Pfingsten, Sommerfahrtage Ende August und während der Feldbahnschau am ersten Oktober-Wochenende.

Die Krauss-Lok im dampfenden Einsatz.

Kleinbahn des Kreises Jerichow

Traditionsverein Kleinbahn des Kreises Jerichow I e. V.
Forststraße 6
D-39291 Möckern, OT Magdeburgerforth
Tel. +49 39200/5 49 22
info@kj-1.de
www.kj-1.de

Für den damaligen Landkreis Jerichow I, östlich von Magdeburg gelegen, wurden 1896 die ersten Streckenabschnitte einer Eisenbahn vor allem für den Transport land- und forstwirtschaftlicher Erzeugnisse eröffnet. Zum Teil waren es Zweispurengleise für die Regelspur 1435 und die Schmalspur 750 mm. 1960 wurde der Personen-, 1961 bis 1962 der Güterverkehr eingestellt.
Im Jahr 2000 wurde der Traditionsverein Kleinbahn des Kreises Jerichow I gegründet. Zunächst sind 1,2 Kilometer der Schmalspurstrecke als Museumsbahn zwischen Lindenstraße, Magdeburgerforth und Lumpenbahnhof in Betrieb; geplant ist, demnächst 5,3 Kilometer zu befahren.
Zur jeden vollen Stunde fahren die Züge an den Fahrtagen Neujahrsfahrt, Samstag Mitte Februar Glühweinfahrt, Ostermontag Osterfahrt, Samstag Mitte August Zuckertütenfahrt, Samstag Mitte Oktober Süße Tour, Anfang Dezember Nikolausfahrt. Samstag und Sonntag im Mai und im September wird das Bahnhofsfest gefeiert.
Als Triebfahrzeuge dienen die zwei Dieselloks 199 041-5 und 199 042-3, Typ V 10C vom Lokomotivbau Karl Marx Babelsberg, Baujahre 1962 und 1969; für den Rangierdienst die kleine Diesellok Kö 6102, Typ Ns 3, 1952 auch in Babelsberg gebaut; die Dampflok 99 4721, Typ Preller, B n2t, 1935 bei Henschel in Kassel gebaut, ist zur Zeit nicht betriebsfähig.
Im Bahnhof Magdeburgerforth ist ein Museumsraum, der während der Fahrtage geöffnet ist.

Lokparade in Magdeburgerforth mit 199 041-5, Kö 6102 und Dampflok 99 4721.

Traditionsgemeinschaft 50 3708-0, Halberstadt

1988 endete die Dampftraktion bei der DR der DDR. Die Dampflok 50 1309, 1´E h2, 1941 bei der BMAG Berliner Maschinenbau AG vorm. L. Schwartzkopff für die Regelspur gebaut, gehörte ab 1958 zum Bw Halberstadt. 1962 wurde sie beim RAW Stendal rekonstruiert und zur 50 3708-0. 1986 erfolgte der letzte Einsatz im Plandienst. 1994 gründete sich der Verein der Traditionsgemeinschaft, um die letzte Halberstädter Dampflok zu bewahren. Sie wurde mit dem Kosenamen »Trudchen« belegt. Inzwischen musste sie von Halberstadt in den Lokschuppen im benachbarten Blankenburg umziehen. Gelegentlich geht sie auf Fahrt.

Die Halberstädter Lok zu Besuch in Meiningen.

Traditionsgemeinschaft 50 3708-0 e. V.
Lichtengraben 6
D-38820 Halberstadt
Lokschuppen Weinbergstraße 23a
D-38889 Blankenberg
Tel. +49 160/8 01 78 59
info@dampflok-halberstadt.de
www.dampflok-halberstadt.de

Feldbahn Schlanstedt

Schlanstedt ist heute ein Ortsteil von Huy im Landkreis Harz. Hier gab es einst zwei Feldbahnen. Für die Zuckerfabrik eine Pferdebahn, die nach Stilllegung der Fabrik nach dem Zweiten Weltkrieg abgebaut wurde. Für die Saatzuchtfirma Strube entstand ab 1915 eine 3,9 Kilometer lange Bahn der Spurweite 600 mm. Ende der 1960er Jahre wurde die Strube-Bahn stillgelegt. Die Feldbahnarbeitsgemeinschaft betreibt auf der einen Kilometer langen Strecke Fahrverkehr und unterhält ein Museum.
Fahrbetrieb ist an Ostern, am Historischen Feldbahntag Ende April, an Pfingsten, am Wochenende Mitte Juni wird das Feldbahnsommerfest gefeiert, Ende September das Erntedankfest.
Betriebsfähige Dieselloks sind OMZ 117, Deutz, 1939; ZL 105, Jung, 1940; zwei Ns 2f, LKM, 1954, 1956; EL 105, Eigenbau aus verschiedenen Lokteilen, 2003; Lok 6, Eigenbau.

Feldbahn Schlanstedt (Strube-Bahn)
FBAG Feldbahnarbeitsgemeinschaft e. V.
Neue Straße
D-38838 Schlanstedt
Tel. +49 172/5 34 92 29
feldbahn.schlanstedt@web.de
www.feldbahn-schlanstedt.de

Rübelandbahn

Die ursprünglich als Harzbahn bezeichnete 30,5 Kilometer lange Regelspurstrecke von Blankenburg über Rübeland und Königshütte nach Tanne wurde 1886 von der HBE Halberstadt-Blankenburger Eisenbahn vollendet. Auf dem 14 Kilometer langen Teilstück zwischen Blankenburg (Harz) über Michaelstein mit seiner Spitzkehre und Hüttenroda nach Rübeland fährt der Museumszug des Vereins ArGe Rübelandbahn. Die Fahrten zu bestimmten Terminen oder besonderen Anlässen beginnen im Januar mit dem WinterdampfEx-

Arbeitsgemeinschaft Rübelandbahn e. V.
Bahnhofstraße 4
D-38889 Blankenburg (Harz)
Tel. +49 3944/9 54 11 90
kontakt@arbeitsgemeinschaft-ruebelandbahn.de
www.arbeitsgemeinschaft-ruebelandbahn.de

Museumszug mit Lok 95 027 »Bergkönigin«.

press, der GlastridExpress ist der Glaskunst gewidmet, es gibt Züge als Wander- und TheaterExpress, Oster- und PfingstExpress, SchauSägewerkExpress, GlühweinExpress, AdventsExpress, Nikolaus- und WeihnachtsmarktExpress. Vor die Züge auf der bergigen Strecke ist die Dampflok 95 027 »Bergkönigin« gespannt, 1´E1´ h2, Hanomag, 1923, in Meiningen wieder betriebsfähig aufgearbeitet.

Traditionsbahnbetriebswerk Staßfurt

Das Bahnbetriebswerk Staßfurt entwickelte sich aus den Anlagen der MCHLE Magdeburg-Cöthen-Halle-Leipziger Eisenbahn-Gesellschaft von 1857 und der MHE Magdeburg-Halberstädter Eisenbahn-Gesellschaft von 1865/66, die 1921 als Bw bezeichnet wurde. Ab 1969 war Staßfurt eine Est, eine Einsatzstelle für die großen Dampfloks der Baureihen 41, 44 und 50.35. In den 1980er Jahren suchten Eisenbahner neben den offiziellen Museumsfahrzeugen der DR auch andere Loks in einem Traditions-Bw zu erhalten. Mit 01 005 und 65 1049 gelangten die ersten Museumsfahrzeuge nach Staßfurt. 1990 wurde der Verein der Eisenbahnfreunde Staßfurt gegründet. Ein gutes Dutzend Dampfloks der Baureihen 01, 41, 44, 50, 52 ist nun in Staßfurt versammelt, dazu sechs Dieselloks und einige Industriebahn-Loks, Elektroloks und zwei Triebwagen.
Betriebsfähig ist die 44 1486-8, 1´E h3, Schneider-Creusot, 1943. Sie zieht die Museumszüge bei den Sonderfahrten zum Beispiel zum Technikmuseum Berlin, auf der Salzigen Tour nach Zielitz, zum Winzerfest nach Freyburg, zu einem Weihnachtsmarkt.

ETB Eisenbahnfreunde Traditionsbahnbetriebswerk Staßfurt e. V.

Güstener Weg 13
D-39418 Staßfurt
Tel. +49 3925/38 38 00
info@lokschuppen-stassfurt.de
www.lokschuppen-stassfurt.de

Mansfelder Bergwerksbahn

Vor dem Nikolauszug die Dampflok Nr. 20.

MBB Mansfelder Bergwerksbahn e. V.
Hauptstraße 15
D-06308 Benndorf
Tel. +49 34722/2 76 40
mansfelder@bergwerksbahn.de
www.mansfelder-bergwerksbahn.de

Ab 15. November 1880 wurde das erste, fünf Kilometer lange Teilstück der Bergwerksbahn, Spurweite 750 mm, zwischen der Kupferkammerhütte bei Hettstett und den Glückhilfschächten bei Welfesholz am Südrand des Harzes eröffnet. Die Bahn entwickelte sich zum wichtigsten Transportmittel zwischen den Schächten und Hütten und umfasste ein Streckennetz von etwa 95 Kilometern. Von 1882 bis 1969 wurden auch die Bergleute mit dieser Bahn befördert.

Um eine Teilstrecke der Mansfelder Bergwerksbahn des damaligen Mansfeld-Kombinats Wilhelm Pieck Eisleben betriebsfähig zu erhalten, wurde am 16. November 1991 der Verein Mansfelder Bergwerksbahn e. V. gegründet. Auf der 10,7 Kilometer langen Strecke mit sieben Brücken zwischen Benndorf und Hettstett betreibt der Verein die älteste noch betriebsfähige Schmalspurbahn Deutschlands.

Regelzüge sind von Anfang April bis Anfang Oktober an den Samstagen in Fahrt. Im ganzen Jahr gibt es unterschiedliche attraktive Fahrten wie zum Beispiel die Glühweinfahrt, Essen auf Schienen, Frauentagsfahrt, Teddybär-Express, Fahrten zu Veranstaltungen im Lokschuppen.

Vor die Züge mit historischen Reisezugwagen, Bauart Sachsen und Bauart Mansfeld, wird die Dampflok Nr. 20, Baureihe 99.19, D h2, 1951 beim LKM Lokomotivbau Karl Marx in Babelsberg hergestellt, gespannt, oder ab 2019 die Nr. 11, D h2t, 1939 bei O & K Orenstein & Koppel in Berlin gebaut. Die Dieselloks vor den Zügen, Nr. 33 und 35, stammen auch aus dem LKM, TypV 10C, Baujahr 1962. Verschiedene Güterwagen und Spezialfahrzeuge gehören zur Bahn.

Mit der Bergwerksbahn durchs Mansfelder Land.

Förderverein Schnellzugdampflok 03 1010, Halle

Diese Schnellzuglok wurde 1940 bei Borsig in Hennigsdorf in der Art 2´C1´ h3 gebaut. Nach langen Dienstjahren wurde sie 2008 zunächst in ihrem Heimat-Bw Halle P als technisches Denkmal abgestellt. 2010 wurde der Förderverein gegründet, der mit Hilfe von Freunden, Sponsoren, Spendern die Lok wieder betriebsbereit aufarbeiten ließ und diese schöne Maschine erhält. Von 2009 bis 2011 war die Lok im Dampflokwerk Meiningen, wird nun von der Traditionsgemeinschaft Bw Halle P betreut. Seit 2026 nicht mehr zugänglich.

Förderverein Schnellzugdampflok 03 1010 e. V.

Thaerstraße 16a
D-06112 Halle (Saale)
Tel. +49 345/47 89 32 97
info@03-1010.de
www.03-1010.de

Traditionsgemeinschaft Bw Halle P e. V.

Volkmannstraße 39
D-06108 Halle (Saale)
lokschuppen4@gmx.de
www.bw-halle-p.de

Lok 03 1010 in Meiningen.

Kohlebahn Meuselwitz

Auch im Norden des Altenburges Landes wurde Braunkohle gefördert. Im Juni 1942 wurde die Kohlebahn eröffnet, um die Braunkohle von den Tagebauen in die Brikettfabriken in Regis-Breitingen und Haselbach zu befördern. Nach der Wende wurden viele Grubenbahnen aufgelöst, auch die 14 Kilometer lange Strecke der Spurweite 900 mm zwischen Meuselwitz, Schnaudertal, Wintersdorf und Haselbach nach Regis-Breitingen an der Grenze zu Sachsen sollte abgebaut werden. Doch die Bürger und Eisenbahnfreunde ließen das nicht zu, gründeten einen Verein und betreiben Museumsfahrten auf der Bahn, die auch Kammerforstbahn heißt, weil der Zug durch diesen Wald fährt.

An fast jedem Sonntag und Feiertag werden die Pendelfahrten ab Meuselwitz veranstaltet – von Karfreitag bis Weihnachten. Vor die Züge wird die Diesellok V 10 C, LKM, 1965, gespannt.
In Meuselwitz ist der ehemalige Bahnhof des Braunkohlewerks Phönix nun der Kulturbahnhof für die Traditionsbahn, Technisches Museum und Modellbahnanlage, die an manchen Fahrtagen in Betrieb ist.

Kohlebahn Meuselwitz

Verein Kohlebahnen e. V.
Georgenstraße 46
D-04610 Meuselwitz
Tel. +49 3448/75 25 50 und 75 21 43
fahrten-kohlebahn@web.de
www.kohlebahnen.de

Die Dampfloks 52 8109-2 und 503626-4, die Diesellok 118 788-9, Baujahr 1969.

Eisenbahn- und Technikmuseum Weimar

Eisenbahn- und Technikmuseum Weimar
TEV Thüringer Eisenbahnverein e. V.
Eduard-Rosenthal-Straße 49
D-99423 Weimar
Tel. +49 177/3 38 54 15 und +49 1578/5 65 05 86
info@thueringer-eisenbahnverein.de
www.thueringer-eisenbahnverein.de
www.eisenbahnmuseum-weimar.de

Der Thüringer Eisenbahnverein wurde als Modellbahnverein 1991 gegründet. Heute hat der Verein eine große und großartige Lokomotivsammlung, die er seit 1996 im ehemaligen Bahnbetriebswerk, das unter Denkmalschutz steht, präsentiert. Zwei Dampfloks sind hier als Schaustücke zu bewundern, die 50 3626-4, 1´E h2, 1938 bei Krauss-Maffei in München gebaut, und die 52 8109-2 in derselben Bauart, 1944 bei Henschel in Kassel gebaut. 14 Dieselloks, 16 Elektroloks, Schlafwagen, Speisewagen, Güterwagen und andere Fahrzeuge, darunter auch Feuerwehrfahrzeuge, sind ausgestellt. Das Museum ist von April bis Oktober am Donnerstag und Freitag von 9 bis 12.30 Uhr, am Samstag von 9 bis 15 Uhr geöffnet.
Der Verein unternimmt auch Sonderfahrten. Zum Beispiel mit der Dampflok 03 2155-4, 2´C1´ h2, als 03 155 bei Borsig in Berlin gebaut, 1975 im RWA Meiningen umgebaut; die Lok kommt von der IG Nossen (siehe Seite 41). Sonderfahrten mit dieser Dampflok und mit Dieselloks werden veranstaltet - nach Tschechien, nach Bayern, durch Thüringen, zu Weihnachtsmärkten. Im Juni und Oktober lädt das Museum zu großen Eisenbahnfesten ein.

Rennsteigbahn

Dampfbahnfreunde mittlerer Rennsteig e. V.
Rennsteig 3
D-98711 Schmiedefeld
Tel. +49 36782/7 06 66
kontakt-schwarz@outlook.de
www.dampfbahnfreunde-rennsteig.de

Ilmenau hatte seit 1879 Bahnanschluss an Erfurt, Schleusingen 1888 nach Themar, 1903 wurde die Zahnradstrecke zwischen Stützerbach über Rennsteig Bf und Schmiedefeld eröffnet; 1928 wurde der Zahnradbetrieb eingestellt. Die Regelspurstrecke zwischen Ilmenau Bad, 477 Meter über NN, über Mandebach und Stützerbach nach Rennsteig Bf, 747 Meter über NN und Ort vieler Veranstaltungen, Schmiedefeld, Thomasmühle, Schleusinger Neundorf, Hinternah und Schleusingen, 417 Meter über NN, ist 30,5 Kilometer lang. Heute betreibt die Rennsteigbahn GmbH & Co. KG den Betrieb. Für den Dampfbetrieb ist der Verein Dampfbahnfreunde mittlerer Rennsteig, der 1992 gegründet wurde, zuständig. Mit der Osterfahrt beginnt die Saison, verschiedene Dampfzüge verkehren bis zur Jahresabschlussfahrt. Die betriebsbereite Lok ist die 94 1538, preuß. T 16.1, E h2t, BMAG, 1922.

Schaubergwerk »Volle Rose«, Langewiesen/Ilmenau

Schaubergwerk »Volle Rose«
Schorte-Bergwerk 1
Schortestraße 57
D-98704 Langewiesen
D-98693 Ilmenau
Tel. +49 3677/4662734
www.schaubergwerk-langewiesen.de

Im Schortetal bei Ilmenau im Thüringer Wald wurde seit dem 17. Jahrhundert Bergbau betrieben. Fluss- und Schwerspat und Mangan wurden zu Tage gefördert. Bis 1991 wurde der Abbau eingestellt. Das Bergwerk ist seit damals ein Schaubergwerk und Teil des Museums für Bergbau und Feldbahntechnik.
Mit einem Grubenzug fahren die Besucher alle 30 Minuten etwa 360 Meter in den Stollen »Volle Rose« ein und werden sachkundig informiert.
Die Lorenbahn im Schortetal, Spurweite 600 mm, wurde Ende des 19. Jahrhunderts in Betrieb genommen, um das Fördergut in das drei Kilometer entfernte Grenzhammer zu transportieren, wo es auf die Eisenbahn verladen wurde. Mit der Lorenbahn geht es heute alle 30 Minuten auf einen etwa 3,5 Kilometer langen Rundkurs durchs Schortetal. Gezogen wird die Lorenbahn durch eine der 80 Feldbahnlokomotiven.
»Volle Rose« ist von Anfang April bis Oktober Dienstag bis Freitag von 9 bis 16 Uhr, an Sams-, Sonn- und Feiertagen von 10 bis 18 Uhr geöffnet.

IGE Werrabahn Eisenach

IGE Werrabahn Eisenach e. V.
Eichrodter Weg
D-99817 Eisenach
Tel. +49 36920/8 02 26
info@ige-werrabahn-eisenach.de
www.ige-werrabahn-eisenach.de

Die Interessengemeinschaft Eisenbahn wurde 1986 gegründet, um eine Dampflokomotive zu erwerben und betriebsfähig zu erhalten. Die erste Lok war die 91 6580, die 1992 an das Bw Arnstadt abgegeben wurde. Im Moment hat die IGE zwei betriebsfähige Dampfloks, die 41 1144-9, 1´D1´ h2, Schichau Elbing, 1939, rekonstruiert 1959 im RAW Wilhelm Pieck, Karl-Marx-Stadt; 52 1360-8, 1´E h2, Borsig, 1943; dazu kommt die Diesellok IGE 1, eine V 23.1 vom LKM.
Nach einigen Standortwechseln hat die IGE mit ihren Loks und Wagen nun im ehemaligen Bw Eisenach eine Heimat gefunden. Von hier gehen die Museumszüge auf verschiedene Sonderfahrten, zum Teil weit über Thüringen hinaus.

Eisenbahnmuseum Arnstadt

Förderverein Bahnbetriebswerk Arnstadt/hist. e.V.
Rehestädter Weg 2c (Lokschuppen)
D- 99310 Arnstadt
Tel.: +49 3628/584849
E-Mail: info@lokschuppen-arnstadt.de
www.lokschuppen-arnstadt.de

Das ehemalige Bahnbetriebswerk der ältesten Stadt Thüringens beherbergt seit mehr als anderthalb Jahrzehnten ein Eisenbahnmuseum. Dieses präsentiert Lokomotiven, die mehr als 40 Jahre das Bild der Eisenbahnen in Thüringen prägten. Gleichzeitig erhält es die funktionsfähige Infrastruktur eines Dampflok-Bw.
Das heutige Museum ging aus dem ehemaligen Bw Arnstadt hervor, in dem die Deutsche Reichsbahn 1992 alle Thüringer Museums-Dampflokomotiven zusammengezogen hatte (01 531, 38 1182, 44 1093, 50 3688, 74 231, 89 6311, 91 6580, 94 1292 und 95 027). Seit dem Jahr 1996 waren nur noch diese Museumsloks im Bw Arnstadt beheimatet, die mittlerweile zum DB Museum Nürnberg gehörten. Mit der Abstellung der 01 531 und 44 1093 im Jahr 2000 sowie der Abgabe der 94 1292 im Jahr 2001, gab es keine betriebsfähige Museumslok mehr im Bw Arnstadt.
Das in der Folge geründete Museum befasst sich in erster Linie mit der Ausstellung und Präsentation der Museumsloks sowie dem Erhalt des Bw Arnstadt. Es hat vom 1. April bis 31. Oktober samstags, sonntags sowie an Feiertagen von 10 bis 17 Uhr geöffnet.

Meininger Dampflok Verein, Dampflokwerk Meiningen

Meiningen ist ein Wallfahrtsort für Eisenbahnfreunde. Der Meininger Dampflok Verein, gegründet 1999, unterstützt das Dampflokwerk Meiningen bei Veranstaltungen wie den Meininger Dampfloktagen, bei Werksführungen und Besuchen von Sonderzügen. Der Verein unterstützt den Erhalt und Betrieb des historischen Wagenzugs des Dampflokwerks und der Werksdampflok 50 3501-9, die als 50 380 in Dienst gestellt wurde. Die Lok der Bauart 1´E h2 wurde 1940 bei Borsig in Henningsdorf gebaut und 1956 bis 1957 beim RAW Stendal rekonstruiert. Die Lok wird das Jahr über bei den etwa fünf Sonderfahrten des Vereins zu Zielen weit ins Land eingesetzt.

1863 ließ die Werra-Eisenbahn-Gesellschaft in Meiningen eine Betriebswerkstatt errichten. Das Werk wuchs, wurde 1920 ein EAW Eisenbahnausbesserungswerk, 1924 ein RAW Reichsbahnausbesserungswerk. Das blieb das Werk auch für die DR der DDR. 1997, nach der Übernahme durch die DB, wurde daraus das DLW Dampflokwerk Meiningen. Zu den zufriedenen Kunden zählen Eisenbahngesellschaften, Museumseisenbahnen, Technikmuseen von überall – sogar aus Australien. Die schnellste betriebsfähige Dampflokomotive der Welt entstand in Meiningen. Aus der der Lok 61 002, 1939 bei Henschel als 2´C3´ h3 wurde eine 2´C1´ h3 mit der Nr. 18 201. Bei einer Testfahrt 1972 erreichte sie die Geschwindigkeit von 182,4 km/h.

Die 18 201, hier in der roten Sponsorenlackierung für den Modellbahnhersteller Roco, 2002 bis 2005.

MDV Meiniger Dampflok Verein e. V.

Am Flutgraben 2
D-98617 Meiningen
Tel. +49 3693/85 16 21
info@meininger-dampflokverein.de
www.meininger-dampflokverein.de

DLW Dampflokwerk Meiningen
DB Fahrzeuginstandhaltung GmbH

Am Flutgraben 2
D-98617 Meiningen
Tel. +49 3693/85 16 02
mail@dampflokwerk.de
www.dampflokwerk.de

Zug mit Lok 50 3501-9 zu Besuch in Fulda.

Oberweißbacher Berg- und Schwarzatalbahn

Die 29,33 Kilometer lange normalspurige, 1435 mm, Schwarzatalbahn zwischen Rottenbach und Katzhütte wurde am 18. August 1900 in Betrieb genommen. 1919 wurde die Bergbahn gegründet und 1922 in Betrieb genommen. Vom Haltepunkt Obstfelderschmiede der Schwarzatalbahn führt die Standseilbahn mit Spurbreite 1800 mm die 1.351 Kilometer hoch nach Lichtenhain und bewältigt dabei einen Höhenunterschied von 323 Metern.
Auf der Strecke pendeln der Personenwagen und die sogenannte Güterbühne. Auf halber Strecke begegnen sich die beiden Wagen und weichen einander auf einer Ausweichstelle aus. Der Personenwagen in schräger Bauweise wurde 1923 gebaut und 1959 im Raw Gotha rekonstruiert. Die Güterbühne diente bis 1966 dem Güterverkehr; Güterwagen konnten darauf aufgesetzt werden. Als Aufsetzwagen zur Personenbeförderung dient ein Beiwagen der stillgelegten Schleizer Kleinbahn. Bei schönem Wetter kann ein offener Cabriowagen aufgesetzt werden.
Von der Bergstation Lichtenhain führt die 2,635 Kilometer lange Flachstrecke in Regelspur 1435 mm über Oberweißbach nach Cursdorf. Diese Adhäsionsstrecke ist elektrifiziert.
Hier sind Triebwagen im Einsatz. Die Neubauten der Jahre 1982, heutige Nr. 479 201-6, und 1984, 479 203-2 und 479 205-7, werden als Rekonstruktionen bezeichnet. Die Wagen mit der Achsformel Bo stammen aus dem Raw Schöneweide. Seit Mai 2016 dient der 479 205-7 bei schönem Wetter von Mai bis Oktober als »Olitätenwagen«. Seit Mitte des 18. Jahrhunderts wurden Kräuter und Naturheilmittel, Olitäten genannt, vom Schwarzatal in ganz Europa durch Buckelapotheker vertrieben, die auf ihrem Rücken ein Holzgestell mit den Waren trugen. Der Olitätenwagen hat ein Glasdach und offene Fenster, innen und außen ist er mit Bildern und Informationen geschmückt, der Fußboden gleicht einer Kräuterwiese, es gibt einen Duftkasten und ein Kräuter-Memory.

Auf der Güterbühne der Bergbahn der aufgesetzte Cabriowagen.

Oberweißbacher Berg- und Schwarzatalbahn
DB RegioNetz Infrastruktur GmbH
An der Bergbahn 1
D-98744 Schwarzatal
Tel. +49 36705/2 01 34
info@thueringer-bergbahn.com
www.thueringer-bergbahn.com

Triebwagenzug mit Olitätenwagen auf der Flachstrecke.

Wisentatalbahn

Am 20. Juni 1887 wurde die normalspurige, 1435 mm, Nebenbahn Schönberg-Mühltroff-Schleiz für den Personen- und Güterverkehr eröffnet. Die Bahn verläuft neben dem Flusslauf der kleinen Wisenta. Der letzte Güterzug fuhr 1997, 2006 wurde der Personenverkehr eingestellt. Die Strecke von Schleiz nach Saalburg im Saaleland wird nicht mehr befahren. Der Förderverein Wisentatalbahn betreibt die Bahn auf der 16 Kilometer langen Strecke von Schönberg (Vogtland) nach Schleiz und Schleiz West.

Die Züge fahren an einzelnen Samstagen im Januar, Februar, März, im April auch am Samstag vor Ostern und am Ostermontag, am 1. Mai, am Samstag Mitte des Monats und an Himmelfahrt, von Juni bis September an allen Samstagen, an einzelnen Tagen im November und Dezember.

Alle Fahrzeuge sind Eigentum des Fördervereins. Der Schleizer Schienenomnibuszug ist eine dreiteilige Triebwagengarnitur vom Typ Uerdinger Schienenbus VT/VS 98, Achsformel Bo. Der Triebwagen 798 813 stammt von MAN, Baujahr 1962; 798 592 von 1956 ist von WMD Waggon- und Maschinenbau Donauwörth; 798 633 von 1956 wurde bei der Waggonfabrik Credé in Kassel hergestellt.

Förderverein Wisentatalbahn e. V.
Hauptstraße 6
D-07919 Mühltroff
Tel. +49 160/91 05 82 23 und +49 170/1 86 38 16
info@wisentatalbahn.de
www.wisentatalbahn.de

Triebwagen 798 307 der Wisentatalbahn kurz vor Lössau.

Naumburger Bahn – Hessencourrier

Kassel ist eine Eisenbahnstadt. 1810 wurden hier die Henschel-Werke durch Georg Christian Carl Henschel gegründet. Carl Anton Henschel, der Bruder, der schon 1803 eine Lokomotive entworfen und 1816 ein Modell davon gefertigt hatte, trat als Teilhaber in das Werk ein und wurde der Begründer des Henschel-Lokomotivbaus. Die erste Henschel-Lok, 2B n3, von 1848 hieß »Drache«. 1849 wurde in Kassel die erste Teilstrecke der Main-Weser-Bahn eröffnet.

Wieder auf der Naumburger Bahn in Dienst: Lok HC 206, Baujahr 1941.

Die KNE Kassel-Naumburger Eisenbahn, eine 33,4 Kilometer lange Kleinbahn der Regelspur 1435 mm, reicht von Kassel-Wilhelmshöhe bis Naumburg. Die erste Teilstrecke bis Schauenburg wurde 1903 eröffnet, weiter bis Naumburg im Jahr darauf. 1966 übernahm die HLB Hessische Landesbahn die Naumburger Bahn, 1977 wurde der Verkehr eingestellt.
1970 kauften die Eisenbahnfreunde Kassel zwei Personenwagen der Naumburger Bahn. Das war der Beginn der Geschichte des Hessencourrier, dessen Züge durch das Hessische Bergland fahren. Die Saison beginnt mit der Osterfahrt, Anfang Mai findet die Maifahrt statt, im Juni fährt der Hessencourrier zum Bahnhofsfest in Naumburg, im Juli geht es mit Volldampf in die Ferien, im August lädt der Hessencourrier-Radweg zum Radeln ein, Fahrräder werden in einem Güterwagen transportiert. Bei der Teddybärenfahrt im September erhält jedes Kind einen Hessencourrier-Teddy, Goldener Oktober heißt die Fahrt durch den herbstbunten Habichtswald, zum Apfelmarkt geht es Ende Oktober, im Dezember gibt es Nikolausfahrten, der Nikolaus ist an Bord und verteilt Geschenke. Ende Dezember endet das Eisenbahnjahr mit der Glühweinfahrt.

Hessencourrier e. V.
Johanna-Waescher-Straße 9
D-34131 Kassel-Wilhelmshöhe
Tel. +49 561/8102984
info@hessencourrier.de
www.hessencourrier.de

In Naumburg ist an den Fahrtagen die Lokwerkstatt zu besichtigen und das Museum Naumburger Kleinbahn. Die Züge werden mit hessischen Personenwagen aus der Zeit 1894 bis 1956 zusammengestellt. Gezogen werden die Züge von der ölgefeuerten Dampflok HC 5, B n2t, 1952 bei Henschel in Kassel gebaut; oder von der HC 206, E h2t, von Krauss-Maffei 1941 in München gebaut und einst auf der Naumburger Bahn in Betrieb; die Lok 52 4544, 1´E h2, wurde 1944 bei Cegielski in Posen gebaut und kam zur Reichsbahn; die 50 3691, 1´E h2, 1941 bei der Wiener Lokfabrik gebaut und von der DR der DDR rekonstruiert, gelangte 1997 zum Hessencourrier. Dazu kommen einige Dieselloks wie die V 15, D-dh, 1958 bei MaK in Kiel gebaut.

Eisenbahnfreunde Treysa

Der Verein, 1988 gegründet, hat es sich zur Aufgabe gemacht, historische Schienenfahrzeuge zu erhalten und zu betreiben. In Treysa, einem Stadtteil von Schwalmstadt, nutzen die Eisenbahnfreunde das ehemalige Bw Treysa mit Lokschuppen und Drehscheibe, das sich auch zu einem Museum entwickelt hat. Das Betriebsgelände mit der gesamten zur Dampflokunterhaltung nötigen Ausrüstung kann meist an Samstag-Nachmittagen besichtigt werden und anlässlich der Lokschuppenfeste.
Die regelspurigen Triebfahrzeuge in Treysa sind die Dampfloks 52 8106, 1´E h2, 1943 bei der BMAG gebaut und in Aufarbeitung, die 50 3705, 1´E h2, 1941 bei O&K gebaut, ist abgestellt. Zwei Gmeinder-Kleinloks, Achsfolge B, von 1956 sind betriebsfähig, ebenso der Schienenbus VT 772, Baureihe VT 2.09 der DR der DDR, Achsfolge 1A, von der VEB Waggonbau Bautzen 1965 hergestellt.
Die Fahrten der Eisenbahnfreunde Treysa von April bis Dezember führen zum Beispiel nach Passau, nach Koblenz zum »Rhein in Flammen«, zu den Dampfloktagen nach Meiningen, Nikolausfahrten nach Heidelberg und Dresden. Bei diesen Fahrten kommen Gastloks zum Einsatz wie die Dampfloks 01 533, 03 1010, 50 3501, 52 1360, 58 311.

Eisenbahnfreunde Treysa e. V.
Ulrichsweg 26
D-34613 Schwalmstadt
Tel. +49 6698/9 11 04 41
buchung@eftreysa.de
www.eftreysa.de

Mit dem TEE und der E-Lok 103 113-7 vom DB Museum Koblenz.

Eisenbahnfreunde Bebra

Eisenbahnfreunde Bebra e. V.
Eisenbahnmuseum - Museumseisenbahn
Am Wasserturm 1
D-36179 Bebra
Tel. +49 6623/79 64 / 06622/9164602
ef-bebra@web.de
www.ef-bebra.de

Die Mitglieder des 1985 gegründeten Vereins haben den Wasserturm von 1910 und das Gelände um den Turm zu einem Museum und einer Schmalspur-Eisenbahn der Spurweite 600 mm aufgebaut. Auf der Streckenlänge 1,6 Kilometer fahren an den Betriebstagen Ostern, Pfingsten und jeweils am ersten Sonntag der Monate Mai bis September die Züge, zusätzlich gibt es Halloween- und Nikolausfahrten. An den Fahrtagen ist das Museum zu besichtigen.
Betriebsbereit für die Züge sind die Dieselloks Nr. 1, ein Eigenbau von 1950; Lok 2, OMZ, Deutz, 1934; 3 »Winfried«, Deutz, um 1935; 6 »Manne«, Ruhrthaler, 1955; 7 Diema, 1965; 8 »Wolfgang«, Schoema, 1954; der Triebwagen »Biber-Blitz«, Buecking, 1963. In Bebra, einem Eisenbahnknotenpunkt, ist auch der Verein IG 150 Jahre Friedrich Wilhelm Nordbahn, 1848, Bebra e. V. tätig. Hier haben sich Modellbahnfreunde zusammengefunden, die auch Eisenbahnreisen unternehmen.

Oberhessische Eisenbahnfreunde Museumseisenbahn in Gießen

Schienenbusse waren ursprünglich umgebaute Straßen-Omnibusse und wurden in aller Welt konstruiert. In Deutschland wurden in den 1930er Jahren vor allem die Wismarer und Uerdinger Schienenbusse als eigenständige Fahrzeugtypen produziert. Die leichten zweiachsigen Verbrennungstriebwagen wurden nach dem Krieg in großer Anzahl gebaut und waren die Retter der Nebenbahnen. Diese Fahrzeuge waren kostengünstiger als Lokomotiven zu bauen und zu betreiben. Das Bw Gießen war seit 1953 einer der Einsatzorte der Schienenbusse. Anfang der 1990er Jahre zeichnete sich das Ende dieser Fahrzeugart ab. 1994 gründeten Eisenbahner und Eisenbahnfreunde ihren Verein, um die Schienenbusse für die Nachwelt zu erhalten und Sonderfahrten zu veranstalten. Die ersten Fahrzeuge wurden erworben. Heute sind folgende Schienenbusse vorhanden: 798 589-8, Motorwagen, WMD Waggon- und Maschinenbau GmbH, Donauwörth, Baujahr 1956; 798 597-3, Motorwagen, WMD, 1956; 798 829-8, Motorwagen, MAN, 1962; 998 171-3 und 998 184-6, Beiwagen,

Ein OEF-Zug im Bahnhof Weilburg.

Orion Eschwege, 1956; 996 310-9, Beiwagen, Waggonfabrik J. Rathgeber, München, 1962; 996 677-1, Steuerwagen, Waggonfabrik Uerdingen, Krefeld-Uerdingen, 1959; 998 880-9, Steuerwagen, WMD, 1959; dazu als Leihgaben eine Diesellok und ein S-Bahn-Triebzug mit Motorwagen 420 298-2.
Mit den Schienenbussen und dem S-Bahn-Zug fahren die Eisenbahnfreunde auf der Regelspur zu verschiedenen Zielen weit ins Land. Beim großen Pfingstfest kommen viele Gastloks nach Gießen.

**OEF Oberhessische Eisenbahnfreunde e. V.
Museumseisenbahn in Gießen**
Lahnstraße 229
D-35390 Gießen
Tel. +49 6041/3 99 96 96
info@oef-giessen.de
www.oef-giessen.de

Feld- und Grubenbahnmuseum Fortuna, Solms-Oberbiel

Das Museum und das Besucherbergwerk Grube Fortuna ist Teil des Geoinformationszentrums des Geopark Westerwald-Lahn-Taunus. Als die Grube Fortuna als letztes hessisches Eisenerzbergwerk 1983 stillgelegt wurde, gründete sich der Förderverein Besucherbergwerk Fortuna e. V. Heute informiert das Museum über das Leben und Arbeiten der Bergleute. Es ist samstags von 11 bis 16 Uhr und an den Feldbahn-Fahrtagen von 10 bis 17 Uhr geöffnet – von Mitte März bis Anfang November. Fahrtage sind der 1. Mai, Oster- und Pfingstmontag, ein Dieselfahrtag Ende Juni, der Teddyfahrtag Ende August, ein Fahrtag im September, der Einheitsfahrtag am 3. Oktober, ein Lampion- und ein Nikolausfahrtag. Es gibt Züge unter Tage und über Tage.
Unter sachkundiger Führung beginnt am Stollenmundloch die einzigartige Reise ins Innere der Erde. Der Förderkorb bringt die Besucher auf die 150-Meter-Sohle. Mit einer historischen Grubenbahn fahren sie nun durch die Strecken. In den ehemaligen Abbauräumen wird die Erzgewinnung demonstriert. Die Gruben-

Die Grubenbahn 150 Meter tief unter der Erde.

Die Feldbahn im Grundbachtal.

bahn ist ein Wendezug mit Akkuloks von der Schalker Eisenhütte, mechanischer Teil, und von Siemens, elektrischer Teil, aus den Jahren 1959 und 1960.
Über Tage führt die 2,5 Kilometer lange Fahrstrecke auf 600 mm Schmalspur durch das Grundbachtal. Vor den Zügen können Dampf- und Dieselloks gespannt werden. Zwei Dampfloks der Bauart B n2t stammen von Henschel, Typ Preller, 1936, und von Orenstein & Koppel, Berlin, 1913. Die Brigadelok D n2t kommt von Henschel, 1917, die B n2 von Krauss-Linz 1912. Dieselloks sind die V 10 C von Lokomotivbau Karl Marx, die HF 130 C von Gmeinder, die GG 90 B von Deutz und die OMZ 122, von Deutz.

Geowelt Fortuna e. V.

Grube Fortuna 1
D-35606 Solms-Oberbiel
Tel. +49 6443/8 24 60
info@grube-fortuna.de
www. grube-fortuna.de
www.feldbahn-fortuna.de

Insgesamt umfasst die Sammlung über 60 Lokomotiven für die Spurweite 600 mm, über 100 Klein-, Feld- und Grubenbahnwagen, dazu kommen Schienenfahrräder, Handhebel-Draisinen, Fahrlader und andere Fahrzeuge.

Erlebnisbahn der Eisenbahnfreunde Wetterau

Um die Verkehrsanbindung der fruchtbaren Ebene der Wetterau nördlich des Mains zu fördern, gab es seit 1895 Bestrebungen für eine Eisenbahn. Doch erst 1902 wurde die BLE Butzbach-Licher Eisenbahn AG gegründet. Zwei Jahre später wurde die erste Teilstrecke eröffnet. Bald konnten Personen, landwirtschaftliche Produkte, Baustoffe, Licher Bier und Steinfurther Rosen schnell und preiswert transportiert werden.

Der Erlebniszug fährt durch die goldene Wetterau.

Eisenbahnfreunde Wetterau e. V.
Deutsche Draisinensammlung

Am Goldstein 7
D-61231 Bad Nauheim
Tel. +49 6032/92 92 29
info@ef-wetterau.de
www.ef-wetterau.de

Seit den 1950er Jahren wurden Teilstrecken stillgelegt. Zum Schluss blieb nur noch der 20 Kilometer lange Schienenweg der Regelspur 1435 mm zwischen Bad Nauheim Nord, Steinfurth, Rockenberg, Griedel und Gambach nach Münzenberg. Über dem Endpunkt thront die Ruine der Burg, des Aussehens wegen Wetterauer Tintenfass genannt.

Voraussichtlich keine Fahrtage im Jahr 2026. An den Fahrtagen und bei den Eisenbahnfesten können das Museum und die größte deutsche Draisinensammlung besichtigt werden.

Die Triebfahrzeuge sind die Dampflok preuß. T 3, Typ Bismarck, C n2, 1904 bei Henschel gebaut, und die Diesellok V 36, Typ WR 360 C 15, Achsformel C, 1942 bei der Berliner Maschinenbau AG, vorm. L. Schwartzkopff in Berlin gebaut.

Der Erlebniszug mit der Dampflok von 1904.

Dampfkleinbahn Bad Orb

Seit 1901 war der Kurort Bad Orb im Kinzigtal von Wächtersbach mit dem Zug, der »Orber Bimmel«, zu erreichen. 1955 wurde die sieben Kilometer lange Strecke stillgelegt. Seit 2000 begann eine Gruppe Eisenbahnfreunde um Rolf Jirowetz, der die große Modellbahnanlage im Bergwinkel Museum in Schlüchtern geschaffen hat und einen Modellbahnladen in der dortigen Krämerstraße betreibt, die Bahn- und Gleisanlagen aufzuarbeiten. In ehrenamtlicher Arbeit, unterstützt von der Stadt Bad Orb, wurden die regelspurigen Gleise auf die Schmalspur 600 mm umgebaut. Seit August 2002 ist die Kleinbahn in Betrieb. Betreiber ist Rolf Jirowetz. Von Ostersonntag bis Ende Oktober fahren jeden Sonntag, aber nicht an Fronleichnam und am 3. Oktober, zweimal die Züge vom Bahnhof Bad Orb über den Haltepunkt Aumühle nach Wächtersbach Gleis 21 – und zurück.

Die Lok Nr. 4382, B n2, 1923 von der Lokomotivfabrik Hohenzollern in Düsseldorf gebaut, heißt »Emma« und zieht den Zug. Zwei Dieselloks Ns2f vom LKM Lokbau Karl Marx Babelsberg, Baujahre 1954 und 1955, sind betriebsfähig. Die drei grünen Personenwagen wurden aus Teilen von DB-Waggons selbst zusammengebaut.

Dampfkleinbahn Bad Orb
Austraße
D-63619 Bad Orb
Tel. +49 6661/18 40
info@dampfkleinbahn-bad-orb.de
www.dampfkleinbahn-bad-orb.de

Die Dampfkleinbahn auf dem Weg nach Wächtersbach.

Aartalbahn – Nassauische Touristikbahn

Moritz Hilf, der technische Direktor der Nassauischen Staatsbahn, ließ von 1869 bis 1894 die 53,7 Kilometer lange Aartalbahn zwischen dem hessischen Wiesbaden und dem rheinland-pfälzischen Diez in der Regelspur 1435 mm erbauen. 1983 wurde die Strecke stillgelegt, die mit allen Anlagen als längstes Denkmal Hessens anerkannt ist. 1986 gründete sich der Verein Nassauische Touristikbahn und unternahm Museumsfahrten auf der Teilstrecke von Wiesbaden-Dotzheim ins 23,9 Kilometer entfernte Hohenstein (Nassau). Auf der Strecke liegen Chausseehaus, Eiserne Hand, der höchstgelegene Taunus-Bahnhof auf 421,5 Meter Höhe, weiter

nach Hahn-Wehen, Taunusstein, Bleidenstadt, Bad Schwalbach Hohenstein.
2007 und 2009 wurden durch Lastkraftwagen Brücken beschädigt. Der Verkehr auf der Aartalbahn musste eingestellt werden. Nach Instansetzung finden Sonderfahrten statt. Die Lokomotiven warten auf ihren Einsatz. Die Dampflok 50 3576, 1´E h2, Skoda, 1940, Rekonstruktion bei der DR der DDR. Die Dieselloks V 2 und V 3 stammen von MaK, 1958, 1953.

Aartalbahn
Nassauische Touristik-Bahn e.V.

Eisenbahnmuseum
Moritz-Hilf-Platz 2
D-65199 Wiesbaden-Dotzheim
Tel. +49 611/1 84 33 30
ntb@aartalbahn.de
www.aartalbahn.de

Nerobergbahn Wiesbaden

Nerobergbahn Wiesbaden
ESWE Verkehrsgesellschaft mbH
Wilhelminenstraße 51
D-65193 Wiesbaden
Tel. +49 611/45 02 25 55
nerobergbahn@eswe-verkehr.de
www.nerobergbahn.de

Vom Nerotal am Rand von Wiesbaden fährt seit 1888 die Begbahn vom 1. April bis zum 1. November täglich alle 15 Minuten auf den Berg mit seinen Sehenswürdigkeiten, dem Restaurant, dem Opelbad, der russischen Kirche.
Die umweltfreundliche Bahn mit der beschaulichen Geschwindigkeit von 6,78 km/h braucht für die 438,5 Meter lange Strecke und den Höhenunterschied von 80 Metern drei und eine halbe Minute.
Die Nerobergbahn, Spurweite 1000 mm, ist die älteste Zahnstangen-Standseilbahn mit Wasserballastantrieb. Die zwei Wagen, die in den nassauischen Farben Blau und Orange leuchten, sind durch ein 452 Meter langes Stahlseil verbunden. Der Tank des talwärts fahrenden Wagens wird an der Bergstation mit bis zu 7000 Liter Wasser gefüllt und zieht am Stahlseil den anderen Wagen bergauf. Unten wird das Wasser abgelassen und bergauf gepumpt.

Hoch über Wiesbaden fährt die Bahn auf den Berg.

Historische Eisenbahn Frankfurt

Der Frankfurter Verein HEF wurde 1978 gegründet, ein Jahr, nach dem die Bundesbahn das Aus für Dampfloks auf ihren Schienen verfügt hatte. Die Eisenbahnfreunde wollten die Dampfloks als industrielles Kulturgut erhalten. Auf öffentlichen Gleisen legen die HEF-Züge jedes Jahr tausende Kilometer in Deutschland und in den Nachbarländern zurück. Vier- oder fünfmal wird die Strecke der Frankfurter Hafenbahn zwischen Griesheim und Mainkur befahren. Zentraler Haltepunkt ist am Mainufer am Eisernen Steg unterhalb der Kulisse der Skyline, des Kaiserdoms und der neuen Altstadt. Vor die sieben historische Personenwagen und den Güterwagen können zwei Dampfloks gespannt werden. Die eine ist die Schnellzuglok 01 118, 2´C1´ h2, 1943 bei Krupp in Essen gebaut, die andere ist die Güterzuglok

Der Museumszug an der Haltestelle Eiserner Steg.

52 4867, 1´E h2, 1943 bei MAG Maschinenbau und Bahnbedarf AG in Potsdam gebaut. Eine Diesellok ist auch im Einsatz, die V 36 406, Achsformel C, 1950 bei Mak in Kiel gebaut; zudem eine Köf von 1934 und eine Kö von 1940.

Die Lok 01 118 der HEF.

HEF Historische Eisenbahn Frankfurt e. V.

Intzestr. 34
D-60314 Frankfurt am Main
Tel. +49 69/43 60 93 (nur Sa. 11-16 Uhr)
info@historische-eisenbahn-frankfurt.de
www.historische-eisenbahn-frankfurt-de.

Die 52 4867 führt einen Museumszug der HEF.

Frankfurter Feldbahnmuseum

1975 wurde der Verein der Frankfurter Schmalspurfreunde gegründet, die Sammlung befand sich in Mainflingen. 1979 fand der Umzug ins ehemalige DB-Ausbesserungswerk Frankfurt-Nied statt. 1980 wurde der Verein Dampfbahn Rhein-Main gegründet, der Umzug ins ehemalige Straßenbahndepot Frankfurt-Bockenheim erfolgte 1981. Vier Jahre später zog das Museum in den Rebstockpark, das heutige Gelände mit der etwa 1,7 Kilometer langen Strecke in Spurweite 600 mm.
Die Museumstage ohne Fahrbetrieb sind an jedem ersten Samstag im Monat von 14 bis 17 Uhr, an jedem ersten Freitag von 17 bis 19 Uhr. Die Öffnungstage mit Fahrbetrieb von 11 bis etwa 17 Uhr sind an einem Sonntag Mitte Januar unter dem Motto Feldbahndampf und Glühwein, am zweiten März-Sonntag ist der Frühlings-Fahrtag, am ersten April-Sonntag ist der Teddybären-Fahrtag, am ersten Mai-Wochenende wird das Feldbahnfest gefeiert, am ersten Juni-Sonntag ist der Modellbautag, am letzten Juni-Sonntag der Sommer-Fahrtag, am ersten September-Sonntag ist Fahrtag, am letzten Wochenende dieses Monats ist das große Oldtimertreffen der Straße und Schiene, am ersten November-Sonntag gibt es die Lampionfahrt, am Sonntag Anfang Dezember ist der Nikolaus im Feldbahnmuseum. Von den Triebfahrzeugen sind etwa zwei Drittel betriebsfähig, dazu zählen 18 Dampflokomotiven; zum Beispiel die Lok 1, B n2t, Heilbronn 1900; Lok 8, D n2t, Borsig 1914; Lok 13, B´B´n4vt, O&K 1909; Lok 14, C1´ n2t, Jung 1909; Lok 16, E n2t, O&K 1925. Von den 36 Dieselloks seien genannt Lok D1, B-dm, Gmeinder 1938; Lok D14, B-dm, Henschel 1935; Lok D20, C-dh, Windhoff 1943; Lok D22, B-dm, Deutz 1936. Dazu kommen noch drei Elektroloks, vier Vergaserloks und Sonderfahrzeuge.

Frankfurter Feldbahnmuseum e. V.
Am Römerhof 15f
D-60486 Frankfurt am Main
Tel. +49 69/70 92 92
ffmev@feldbahn-ffm
www.feldbahn-ffm.de

Lok 13 mit einem Personenzug in der Kleingartendurchfahrt Richtung Rebstockpark.

Am Lampion-Fahrtag haben Kinder mit Laterne freien Eintritt.

Museumseisenbahn Hanau

Seit den 1840er Jahren entwickelte sich Hanau am Main zu einer Eisenbahnstadt und wurde ein wichtiger Eisenbahnknotenpunkt. Die Geschichte der Eisenbahn zu vermitteln und zum Erlebnis zu machen, hat sich der Verein Museumseisenbahn Hanau zur Aufgabe gemacht. Gegründet 1988 als Dampfbahnfreunde Kahlgrund e. V. hat der Verein seit 2001 seinen neuen Namen. Es gelang 2010 mit der Stiftung Bahnbetriebswerk Hanau das Bw zu erwerben. Dieses Kulturdenkmal mit zwei Rundlokschuppen, Drehscheiben, einem Rechteckschuppen und Verwaltungs- und Sozialgebäuden mitsamt den Gleisanlagen ist Ort der Lokschuppen-Feste und ein Eisenbahnmuseum im Aufbau, das während des Festes und an mehreren Tagen besichtigt werden kann. Die Museumseisenbahn geht auf Fahrt zum Beispiel im Winter durch den Thüringer Wald, im Frühjahr zum Bahnhofsfest in Stockheim in der Wetterau, zur Veranstaltung »Rhein in Flammen«, in den Kahlgrund, zum Hessentag.

Zwei Dampfloks sind im Einsatz. Die 89 906, C n2t, 1929 bei Linke-Hofmann-Busch gebaut, kam 1989 aus der DDR nach Hanau. Für große Fahrten wird die 50 3552-2, 1´E h2, 1941 bei Borsig gebaut und 1961 bei der DR der DDR rekonstruiert, vor die Züge gespannt. Die Lok kam 2005 nach Hanau und erhielt den Namen »Stadt Hanau«.

Museumseisenbahn Hanau e. V.
Friedensstraße 18
D-63526 Erlensee
Bw Hanau
Heideäcker 1
D-63457 Hanau-Großauheim
Tel. +49 179/6 78 30 55 (Mo. und Do. 17-20 Uhr)
info@museumseisenbahn-hanau.de
www.museumseisenbahn-hanau.de

Museumszug mit Lok 89 906.

Das Lokschuppenfest im Bw mit Lokparade.

Bahnwelt Darmstadt-Kranichstein

Der Bahnhof Kranichstein wurde 1859 für die Hessische Ludwigsbahn, die von Mainz über Darmstadt nach Aschaffenburg führte, errichtet und später zu einem Rangierbahnhof ausgebaut. Der große Ringlokschuppen mit Drehscheibe von 1914 dient dem Eisenbahnmuseum, nachdem das Bw Kranichstein 1960 aufgelöst wurde. Auf dem Gelände sind Bekohlungsanlagen und andere Einrichtungen nebst einem Ausbesserungswerk vorhanden.
Die Bahnwelt Darmstadt-Kranichstein ist ein Verband, dem die Stiftung Bahnwelt angehört, der Museumsbahn e. V. ist der Trägerverein des Eisenbahnmuseums, der Freundes- und Förderkreis e. V. unterstützt das Eisenbahnmuseum. Schließlich gehört die Arge Arbeitsgemeinschaft historische HEAG-Fahrzeuge im Eisenbahnmuseum Darmstadt-Kranichstein e. V. dazu.
Das Museum ist an Sonn- und Feiertagen von 10 bis 16 Uhr geöffnet, von April bis Oktober auch mittwochs; von Mitte Dezember bis Anfang Januar ist es geschlossen. Die Besichtigung ist nur mit einer Führung möglich. 200 Fahrzeuge, davon über 40 Triebfahrzeuge. Im Museum sind Sonderausstellungen zu sehen, auch der MobaTrain, der Wagen mit der Modelleisenbahn.
Die Bahnwelt bietet ein großes Veranstaltungsprogramm, Betriebstage gibt es an Sonntagen von Mai bis Oktober, Streckenfahrten werden gesondert angeboten. Auch die 4,7 Kilometer lange Strecke zwischen Darmstadt Ost und Bessunger Forst wird befahren. Das Dampflokfest wird am Wochenende Mitte September gefeiert.
Von den vielen Triebfahrzeugen sind zum Beispiel die Dampflok 23 042, 1´C1´ h2, Henschel, 1954, betriebsbereit; ebenso die DME 184, D h2t, Henschel, 1941; der T 141, Schienenbus »Schweineschnäuzchen«, A1, Wismar, 1933.
Die HEAG, 1912 als Hessische Eisenbahn AG gegründet, ist heute ein Konzern, der auch Verkehrsunternehmen umfasst. Die Arge HEAG hat ihre historischen Fahrzeuge in der Bahnwelt und veranstaltet von Mai bis Dezember Fahrten mit Museums-Triebwagen und Dampfzugfahrten mit der Dampflok 7 »Feuriger Elias«, B n2t, Henschel, 1919, auf den Strecken der Straßenbahn, Spurweite 1000 mm.

Bahnwelt Darmstadt-Kranichstein

Museumsbahn e. V.
Steinstraße 7
D-64291 Darmstadt-Kranichstein
Tel. +49 6151/37 76 00
info@bahnwelt.de.
info@mobatrain.de
www.bahnwelt.de
www.mobatrain.de

Lokparade: Zahnradlok 97 210, 23 042 und 01 1056.

Der Wismarer Schienenbus T 141 unternimmt mit den Besuchern Pendelfahrten.

Museums-Eisenbahn Rahden–Uchte

Die Strecke Nienburg-Rahden verband seit 1910 Niedersachsen mit Westfalen. Der Personenverkehr auf der Regelspurstrecke wurde 1968 eingestellt. Die 25,3 Kilometer lange Teilstrecke zwischen Rahden über Tonnenheide, Hahnenkamp, Lavelsloh-Diepenau, Bohnhorst, Gehannfors Hof und Warmsen nach Uchte am Großen Moor dient seit 1991 der Museums-Eisenbahn.

Die Fahrsaison beginnt an Himmelfahrt, jeden zweiten Sonntag von Juni bis September und am 3. Oktober fahren die Züge zweimal am Tag. Am 1. November geht die Fahrt nach Uchte zum Schlachtefest, Nikolausfahrten gibt es im Dezember.

Der dreiteilige Schienenbus VT 98, MAN, 1962, ist das Fahrzeug der Museums-Eisenbahn. Der Triebwagen T 2 aus Uerdingen, umgebaut 1953, ist zurzeit in Aufarbeitung.

Museums-Eisenbahn Rahden-Uchte e. V.
Eisenbahnstr. 3
D-32369 Rahden
Tel. +49 175 9998584
info@museumsbahn-rahden.de
www.museumsbahn-rahden.de

Museums-Eisenbahn Minden

1898 wurde das erste Teilstück des Eisenbahn-Streckennetzes im Kreis Minden eröffnet. Nach Erweiterungen und Stilllegungen gibt es heute die Schienen der MKB Mindener Kreisbahnen und der VLO Verkehrsgesellschaft Landkreis Osnabrück. Seit 1977, dem Gründungsjahr des Vereins MEM Museums-Eisenbahn Minden, verkehren auf beiden normalspurigen Strecken Museumszüge.

Auf den Schienen der MKB fährt der »Preußenzug« mit Dampf. Es ist ein typischer Nebenbahnzug mit Wagen aus der Zeit zwischen 1890 und 1918. Vor den Zug ist die Lok 7906 »Stettin«, Dn2t, gespannt; diese preuß. T 13 wurde 1912 bei Union in Königsberg gebaut. Die 13,4 Kilometer lange Strecke führt von Minden-Oberstadt über Specken mit seiner Windmühle nach Hille Bahnhof. Die Fahrten werden an einzelnen Sonntagen von Ostern und in den Monaten April bis Oktober durchgeführt; zusätzlich gibt es Teddybären- und Nikolausfahrten.

Auf der Strecke nach Kleinenbremen, von Minden-Oberstadt 14,8 Kilometer entfernt, verkehren an einzelnen Sonntagen Dampfzüge oder der Triebwagen T 2, in der Waggonfabrik Dessau 1937 in der Bauart A1 hergestellt.

Auf der 33 Kilometer langen Strecke zwischen Preuß. Oldendorf über Bad Essen nach Bohmte mit Bedarfshalten dazwischen werden vor die Wagen Dieselloks – DL 2, Achsfolge C, MaK Kiel, 1958, oder V 4, B, Jung, Jungenthal 1934, oder der Triebwagen T 1, AA, Waggonfabrik Wismar, 1933 – gespannt. Hier gibt es Osterfahrten, Fahrten an Himmelfahrt, Sonderfahrten übers ganze Jahr, Nikolaus- und Heiligabendfahrten; bei der Teddybärenfahrt haben Kinder in Begleitung eines Teddys, wie auch auf den anderen MEM-Strecken, freie Fahrt.

Die Museums-Eisenbahn Minden hat fünf weitere Dampfloks, vier sind abgestellt, die 7371 »Saarbrücken«, eine preuß. T 9.3, 1´C n2t, ist im Wiederaufbau. Von den sechs Dieselloks sind vier im Einsatz, eine ist in Aufarbeitung.

MEM Museums-Eisenbahn Minden e. V.
Wilhelm-Tell-Straße 25
D-32427 Minden
Tel.05 71/2 41 00
info@museumseisenbahn-minden.de
www.museumseisenbahn-minden.de

Der Preußenzug mit Dampflok »Stettin«, Baujahr 1912.

Landeseisenbahn Lippe – Extertalbahn

Das Extertal im Wesergland erhielt erst in den Jahren zwischen 1927 und 1928 eine regelspurige Eisenbahn, die EAG Extertalbahn AG. Diese war aber dafür von Anbeginn elektrifiziert. Der Personenverkehr wurde 1966 eingestellt, ab 1969 auch teilweise der Güterverkehr. Die EAG wurde 1967 umgewandelt in die vbe Verkehrsbetriebe Extertal-Extertalbahn GmbH.
Als Freundeskreis der Extertalbahn wurde 1985 ein Verein gegründet, der sich seit 1992 Landeseisenbahn Lippe e. V. nennt. Das nördliche Teilstück der Bahn ist jetzt eine Draisinenstrecke. Die elf Kilometer lange Teilstrecke zwischen Barntrup über Alverdissen nach Bösingfeld dient der Museumseisenbahn. Fahrtage sind die ersten Sonntage der Monate Mai bis Oktober. Sonderfahrten wie der Schlemmer-Express, der Grünkohl-Express, die Teddybärfahrt und die Nikolausfahrten stehen im Fahrplan.
Vor die Züge sind die Diesellok V 2.004, D-dh, MaK, 1954 gespannt; oder die Köf 6815, B-dh, Deutz, 1965; Elektrolok E21 und E22, Bo´Bo´, Norddeutsche Waggonfabrik/AEG, 1927; auch der Uerdinger Turmtriebwagen 701 119-0, 1968, ist auf der Strecke unterwegs. Die Dampflok 93.1410, 1´D1´ h2t, Maschinenfabrik der Österreichischen Staatseisenbahn-Gesellschaft Wien, 1928, ist in Aufarbeitung.

LEL Landeseisenbahn Lippe e. V.
Am Bahnhof 1
D-32699 Extertal
Tel. +49 5262/40 99 04
info@landeseisenbahn-lippe.de
www.landeseisenbahn-lippe.de

Dampf-Kleinbahn Mühlenstroth, Gütersloh

Die Gründung des Vereins der Dampf-Kleinbahn erfolgte 1972, als eine Gruppe von Eisenbahnfreunden eine Dampflok für die Spurweite 750 mm vor der Verschrottung rettete und betriebsbereit aufarbeitete. Ein geeignetes Gelände für eine Kleinbahn fand sich bei einem Eisenbahnfreund vom Ausflugsgasthof Mühlenstroth. Allerdings wegen der engen Radien der Kurven empfahl sich die Spurweite 600 mm; die Lok 1 musste umgespurt werden. 1974 wurde die zweite Lok erworben, vom Rost befreit, aufgearbeitet und in Betrieb genommen. In diesem Jahr wurden zwei weitere Loks in der DDR gekauft, Personenwagen kamen hinzu, eine Wagenhalle und ein Bahnbetriebswerk wurden erbaut, andere Triebfahrzeuge ergänzten die Sammlung. Drei Bahnhöfe – Mühlenstroth, Postdamm, Rödelheim – wurden an der 1,5 Kilometer langen Strecke errichtet.
Die Saison beginnt mit dem Fahrtag 1. Mai, es gibt Pfingstfahrtage, Sonntagsfahrten bis Ende Oktober, Nikolausfahrten.
Von den zwölf Dampf- und den sieben Dieselloks ist die Mehrzahl betriebsfähig. Es seien erwähnt die Lok 1 »Mölm«, B n2t, Hohenzollern 1917; Lok 2 »August Bentlage«, B n2t, Henschel 1948; Lok 3, 99 3318-5, Brigadelok D n2t, Borsig 1919; Lok 5 »Arthur Koppel«, B n2t, O&K, 1936; Lok 7 »Gustav«, B n2t, Fab Chrzanow 1949; die Dieselloks, meist B dm, stammen von verschiedenen Herstellern aus der Zeit von 1934 bis 1962.

DKBM Dampf-Kleinbahn Mühlenstroth e V.
Westfälisches Kleinbahn- und Dampflokmuseum
Postdamm 166
D-33334 Gütersloh
Tel. +49 5241/6 84 66
info@dkbm.de
www.dkbm.de

Ein Zug der Dampf-Kleinbahn mit Lok 5 von 1936

Teuto-Express
Teutoburger Wald-Eisenbahn

Die TWE Teutoburger Wald-Eisenbahn wurde 1899 als AG gegründet und ist seit 2014 eine GmbH. Der Teuto-Express, der seit 1977 vom Verein Eisenbahn-Tradition in Lengrich betrieben wird, fährt auf den regelspurigen Schienen der Teutoburger Wald-Eisenbahn. Planmäßig werden zu bestimmten Terminen diese Strecken befahren: Gütersloh-Nord–Hövelhof, 25 Kilometer; Gütersloh-Nord–Bad Iburg–Ibbenbüren, 68 Kilometer; Ibbenbüren–Hafen Saerbeck, 7 Kilometer; Osnabrück-Mettingen–Recke, 30 Kilometer; Münster–Neubeckum–Ennigerloh, 40 Kilometer; Neubeckum–Wadersloh, 15 Kilometer. Im Januar fährt der Grünkohl-Express und an den Adventswochenenden auf verschiedenen Strecken sind die Nikolaus-Dampfzüge unterwegs.

Mit dem VT 03 bei Höste auf der Fahrt nach Bad Iburg.

Teuto-Express
ETL Förderkreis Eisenbahn-Tradition e. V.
Lienener Straße 100
D-49525 Lengerich/Westf.
Tel. +49 173/6 20 54 44
info@eisenbahn-tradition.de
www.teuto-express.de

Als Triebfahrzeuge dienen die Dampflok 50 3655, 1´E h2, 1942 bei Borsig in Berlin gebaut; die Dampflok 78 468, preuß. T 18, 2´C2´ h2t; eine Dampfspeicherlok Blitz, 1917 bei Henschel in Kassel gebaut, steht auch im Fuhrpark; zwei Dieselloks gibt es, die V 36 412, 1940 von MAK in Kiel, und Köf 6642, 1960 von O&K in Berlin gebaut; zudem fährt auch der Dieseltriebwagen VT 03, 1927 bei Wegmann in Kassel gebaut und früher bei der TWE in Dienst.

Die Fahrzeuge der Eisenbahn-Tradition sind im Bw der TWE in Lengerich stationiert.

Der Teuto-Express bei Bad Iburg.

Historischer Schienenverkehr Wesel

Der 1976 gegründete Verein erwarb 1978 die 1916 bei Henschel gebaute Dampflok HSW 1, B n2t, die anfänglich beim Verein im Einsatz war. Jetzt ist sie in Aufarbeitung. Auf der sieben Kilometer langen Regelspurstrecke der Hafenbahn DeltaPort werden an den Fahrtagen Pendelfahrten unternommen von der Rheinpromenade über BYK-Chemie-Abelstraße, Bahnhof Wesel, Altes Wasserwerk zu Hohe Mark/RWE-Straße. Fahrtage sind zu Ostern der Weseler-Stadt-Express, an Pfingsten, anlässlich des PPP Stadtfests Wesel, Nikolausfahrten, Sonderfahrten mit dem Spargel-Express und dem Grünkohl-Express führen zum Alten Wasserwerk mit Spargel- oder Grünkohl-Essen, Charterfahrten.

Vor den Wagen – es gibt sieben Donnerbüchsen aus den Jahren von 1908 bis 1935 und einen Güterwagen Bauart Oppeln – wird die Diesellok, B-dh, 1956 bei Deutz gebaut, gespannt. Eine Rangierlok, B-d, bei Jung 1930 gebaut, ist auch betriebsfähig. Bei längeren Fahrten kommen Gastloks zum Einsatz.

Historischer Schienenverkehr Wesel e. V.
Postfach 10 09 23
D-46465 Wesel
Tel. +49 281/147 99 12
info@hsw-wesel.de
www.hsw-wesel.de

Der Weseler Zug hält am Alten Wasserwerk.

Der Weseler Zug auf der Hafenbahn DeltaPort.

Museumseisenbahn Hamm

Am 2. Mai 1847 erreichte der erste Zug die Stadt Hamm, die in der Folge ein wichtiger Eisenbahnknotenpunkt wurde. Im Mai 1977 gründete sich der Verein der Hammer Eisenbahnfreunde, um Fahrzeuge zu erhalten und eine Museumsbahn zu betreiben. Unterstützung fanden die Eisenbahnfreunde seit 1983 durch die Gesellschaft der Förderer der Museumseisenbahn Hamm e. V. Ein Streckenabschnitt der RLG Regionalverkehr Ruhr-Lippe GmbH konnte erworben werden. Die Fahrzeugsammlung – Lokomotiven und Wagen – wuchs beständig.

Die Züge verkehren auf der 17 Kilometer langen Regelspurstrecke zwischen Bw Hamm Süd über Maximilian, Uentrop, Welver-Ramesohl, Büninghausen und Lippborg-Heintrop. Neben Fahrten auf dieser Strecke, wozu Osterfahrten, Sommerfahrten zum Mühlenfest im Juni, Fahrten im Juli, zur Kirmes im August und Nikolauszüge gehören, werden Sonderfahrten auf der Ruhrtalbahn und weit ins Land durchgeführt. Die legendäre Dampflok »Hermann Heye«, bei Jung 1941 gebaut, ist inzwischen abgestellt. Die Dampflok »Radbod« stammt von der Zeche Radbod, C n2t, Hohenzollern, 1906, und die Dampflok 80 039 von der Ruhrkohle AG, C h2t, Hohenzollern, 1929. Die große Diesellok V 200 033, Krauss-Maffei, 1956, geht auf die größeren Fahrten. Weitere Dieselloks sind die V 60 615, V 100 2079, D 52 und einige Kleinloks.

Museumseisenbahn Hamm
Hammer Eisenbahnfreunde e. V.
Bw Hamm Süd
Schumannstraße 35
D-59063 Hamm
Tel. +49 23 81/54 00 48
info@museumseisenbahn-hamm.de
www.museumseisenbahn-hamm.de

Verein zur Erhaltung und Förderung des Schienenverkehrs Bocholt

Früher gab es rund um Bocholt viele Eisenbahnstrecken, die seit den 1960er Jahren meist stillgelegt und abgerissen wurden. Nur ein Teilstück der Regelspur zwischen Bocholt und Museum, 4,7 Kilometer lang, blieb erhalten. Hier ist der Verein aktiv mit Veranstaltungen und unternimmt vom 1. Mai bis zum Dezember mit den Nikolauszügen seine Museumsfahrten, die auch zu anderen Zielen führen.

VEFS Verein zur Erhaltung und Förderung des Schienenverkehrs Bocholt e. V.

Eintrachtstraße 141
D-46397 Bocholt
Tel. +49 2871/3 84 03
info@vefs-bocholt.de
www.vefs-bocholt.de

Zu den neun Fahrzeugen des Vereins gehören zwei betriebsfähige Dieselloks. »Hermann«, Ks 55, B-dm, Deutz, 1960; 323 032-3, Köf II, B-dh, O&K, 1943.

Hespertalbahn

Millionen Fernsehzuschauer kennen die Hespertalbahn ohne es zu wissen. Hier entstanden 2016 Eisenbahnszenen für die erfolgreiche Serie »Berlin Babylon«. Die Dampflok 52 8168-8 kam extra aus Nördlingen, um mitzuspielen.

Die Geschichte der Hespertalbahn begann 1857 als Pferde-Schmalspurbahn für die Erzgruben im Velberter Raum. 1877 erfolgte die Umspurung auf Normalspur 1435 mm. Von 1927 bis zur Schließung der Zeche Pörtingssiepen 1973 wurde auf der Hespertalbahn ein nicht öffentlicher Personenverkehr für die Belegschaft des Bergwerks durchgeführt.

1975 wurde der Verein zur Erhaltung der Hesperbahn gegründet. Historische Lokomotiven und Wagen wurden gesammelt.

Die Fahrsaison beginnt am 1. Mai, an Sonntagen bis Ende Oktober fahren die Museumszüge auf der 3,3 Kilometer langen Strecke zwischen dem Alten Bahnhof Kupferdreh in Essen über Zementfabrik zum Haus Scheppen. Hier fließt der Hesperbach in den Baldeneysee. An manchen Fahrtagen werden vor den Zug Dieselloks gespannt, an anderen die Dampflok, und es gibt Tage mit Dampf und Diesel. Sonderfahrten mit Programm gibt es am Kindertag Anfang September, zudem

Der Museumszug mit Lok D 8 am Ufer des Baldeneysees.

werden Nikolausfahrten durchgeführt und am 24. Dezember heißt es auf der Hespertalbahn »Wir warten aufs Christkind«.
Vor die Züge wird die Dampflok D 8, C n2t, Krupp 1961, gespannt. Die Dampflok D 5, C n2t, Jung 1956, ist in Aufarbeitung. Die Diesellok V 1, C-dh, Henschel 1961, und die V 9, B-dh, Henschel 1957, sind Zugloks für den Museumszug.

Hespertalbahn e. V.
Prinz-Friedrich-Platz 3
D-45257 Essen
Tel. +49 201/80 09 13 30
info@hespertalbahn.de
www.hespertalbahn.de

Eisenbahnmuseum Bochum

Das stillgelegte Bahnbetriebswerk in Dahlhausen, erbaut von 1916 bis 1918, 1969 stillgelegt, steht mit dem 14-ständigen Lokschuppen, mit der 20-Meter-Drehscheibe, mit Wasserturm, Wasserkran, Bekohlungsanlage, Sandturm, Werkstätten unter Denkmalschutz. 1977 eröffnete die DGEG Deutsche Gesellschaft für Eisenbahngeschichte e. V. hier ihr Rhein-Ruhr-Eisenbahnmuseum. Ausstellungshallen wurden erbaut, eine Feldbahn mit Spurweite 600 mm wurde in Betrieb genommen. Mit etwa 70.000 Quadratmetern ist es eines der größten Eisenbahnmuseen. 2011 gründeten die DGEG und die Stadt Bochum die Stiftung Eisenbahnmuseum Bochum.
Über 120 Fahrzeuge aus der Zeit ab 1853 sind im Museum zu besichtigen, dazu zählt auch Lok 66 002, 1´C2´ h2, Henschel, 1968; von dieser Baureihe wurden nur zwei Maschinen hergestellt. Das Museum ist vom 1. März bis Mitte November Dienstag bis Freitag, an Sonn- und Feiertagen von 10 bis 17 Uhr geöffnet. Besondere Veranstaltungen sind zum Beispiel die Museumstage im Frühjahr und Herbst, die Kindertage im Juli und August. Dann werden meist auch Führerstandsmitfahrten veranstaltet. Jeden Sonn- und Feiertag gibt es Pendelverkehr zwischen Bahnhof Bochum-Dahlhausen und dem Museum mit den Schienenbus VT 2, A1, Wismar, 1936, seines Aussehens wegen »Schweineschnäuzchen« genannt.
Mit dem Museumszug geht es auf die 14 Kilometer lange Strecke der Ruhrtalbahn zwischen Museum, Bo-Dahlhausen S-Bf, Hattingen, Henrichshütte, Burg Blankenstein, Haus Kemnade, Herbede, Ruine Hardenstein, Zeche Nachtigall, Witten-Bommern, Wengern Ost. Am jeweils ersten Sonntag April bis Oktober ist für drei Fahrten hin und zurück die Dampflok

Die DB-Neubaudampflok 66 002 ist zusammen mit der 66 001 die einzige ihrer Art.

38 2267, preuß. P 8, 2´C h2, Henschel, 1918, vorgespannt. An den jeweils zweiten Samstagen ist die Diesellok V 100, 212 007, B´B´-dh, 1962 bei MAK in Kiel gebaut, vor dem Museumszug oder der Schienenbus VT2 ist im Einsatz. Zudem werden verschiedene Sonderfahrten und Weihnachtsfahrten veranstaltet.

Stiftung Eisenbahnmuseum Bochum

Dr.-C.-Otto-Straße 191
D-44879 Bochum-Dahlhausen
Tel. +49 234/49 25 16
info@eisenbahnmuseum-bochum.de
www.eisenbahnmuseum-bochum.de

Lok 38 2267, die vor den Museumszug gespannt wird.

Muttenthalbahn

Das Muttenthal, durch das der Muttenbach der Ruhr zufließt, gilt als eine der Wiegen des Ruhrbergbaus. In der einstigen Zeche Theresia in der Nachbarschaft der Zeche Nachtigall, befindet sich das Gruben- und Feldbahnmuseum. Seit 1989 hat der Verein auf dem Gelände der schon 1892 stillgelegten und unter Denkmalschutz stehenden Zeche sein Domizil. Die Fahrzeugsammlung umfasst zurzeit 90 Lokomotiven – Diesel-, Elektro- Pressluftloks – und etwa 200 Waggons – Personen-, Förderwagen und Loren. Die Fahrzeuge sind zum großen Teil auf den Gleisen des Geländes ausgestellt. In den Ausstellungsräumen wird Geschichte und Gegenwart der Gruben- und Feldbahnen dargestellt.

Arbeitsgemeinschaft Muttenthalbahn e. V.
Gruben- und Feldbahnmuseum Zeche Theresia

Nachtigallstraße 27-33
D-58452 Witten-Bommern
Tel. +49 2302/2024791
info@muttenthalbahn.de
www.muttenthalbahn.org

An den Besichtigungsterminen – jeden ersten Sonntag im Monat von Ostern bis Oktober, von 11 bis 17 Uhr, zusätzlich am 1. Mai, an Pfingsten und am 3. Oktober und am ersten Dezember-Sonntag – fährt die Muttenthalbahn im Stundentakt ab Parkplatz Nachtigallstraße zum Gruben- und Feldbahnmuseum und zum Industriemuseum Zeche Nachtigall. Der Zug auf der etwa 1,3 Kilometer langen Strecke der Spurweite 600 mm wird von der Diesellok Diema Typ DS 60, B-dh, Baujahr 1994, die letzte gebaute Lok der Firma Diema aus Diepholz bei Bremen, die noch fahrbereit ist, gezogen.

Zug mit der Diema-Lok auf der Muttenthalbahn.

Museumsbahn Eslohe

Die Geschichte der Stadt Eslohe ist geprägt durch die alte Hammerschmiede Koenig und deren Nachfolgebetriebe. So sind im DampfLandLeute Museum neben der Darstellung des Lebens und Arbeitens der Bauern, Handwerker und Arbeiter viele Gerätschaften aus der Hammerschmiede zu sehen. Und weil der Fabrikant Eberhard Koenig Kraftmaschinen aus dem 19. und 20. Jahrhundert sammelte, sind diese auch im Museum zu besichtigen. Dazu gehören auch die Dampf- und Diesellokomotiven für die Spurweiten 600 mm, 1000 mm, 1435 mm, darunter eine Dampflok von Jung, 1927, und eine Dampfspeicherlok von Jung, 1920. Das Museum ist Mittwoch bis Samstag von 14 bis 17 Uhr geöffnet, an den Sonntagen vom 1. November bis 31. März von 10 bis 13 Uhr, vom 1. April bis 31. Oktober von 10 bis 16 Uhr. Betriebsfähig und vor die Museumszüge gespannt sind die zwei Dieselloks aus der Arnold Jung Lokomotivfabrik GmbH, Jungenthal, EL 110, 1940, und EL 105, 1948, beide B-dm, und die Dampflok, B n2t, von Krauss & Comp., München, Baujahr 1898. Diese Lok könnte die älteste fahrbereite Schmalspur-Lok sein.

Die Museumsbahn auf der 600 mm Schmalspur mit einer Streckenlänge von etwa 700 Metern ist bei gutem Wetter vom 1. April bis 31. Oktober jeden ersten Samstag im Monat von 15 bis 17 Uhr in Fahrt, außerdem Anfang Dezember zu Nikolausfahrten. Die Esloher Dampftage auf der Strecke und im Museum werden an den letzten Wochenenden im Mai und September gefeiert.

DampfLandLeute - Museum Eslohe
Museumsbahn Eslohe
Museumsverein Eslohe e. V.
Homertstraße 27
D-59889 Eslohe/Sauerland
Tel. +49 2973/24 55; 0 29 73/800-20
info@museum-eslohe.de
www.museum-eslohe.de

Die Krauss-Lok von 1898 könnte die älteste fahrbereite Schmalspurdampflok sein.

Diesellok EL 110 von 1940 vor einem Lorenzug.

Sauerländer Kleinbahn Märkische Museums-Eisenbahn

Im Sauerland entstanden seit 1892 verschiedene Kleinbahnen der Spurweite 1000 mm. In den 1950er und 1960er Jahren wurden diese Bahnen stillgelegt und abgebaut. 1982 gründete sich der Verein Märkische Museums-Eisenbahn, sammelte Fahrzeuge und baute auf der Trasse der 1969 stillgelegten Bahnstrecke Plettenberg–Herscheid eine 2,3 Kilometer lange Schmalspurstrecke, 1000 mm, auf. Der denkmalgeschützte Bahnhof Hüinghausen wurde zum Bw mit Wasserturm. Von hier gehen die Fahrten über Seissenschmidt zum Köbbinghauser Hammer. Es ist geplant, die Strecke zu verlängern. Fahrtage sind in unregelmäßiger Folge die Sonntage zwischen Mai und November, zu St. Martin und Nikolaus.

Die Fahrzeuge, zum Teil von Sauerländer Kleinbahnen, die zur Inselbahn Juist gelangten, kehrten nach dem Ende der Inselbahn nach 1982 ins Sauerland zurück.

Vor die Züge wird die Dampflok »Bieberlies« gespannt, C n2t, Henschel, 1923, früher bei der hessischen Kleinbahn Gießen–Bieber in Dienst. Auch die Diesellok »Nahmer« V 3, B-dh, O&K, 1960. Andere Triebfahrzeuge sind in Revision.

Eine Szene wie damals auf der Sauerländer Kleinbahn.

**Sauerländer Kleinbahn
Märkische Museums-Eisenbahn e. V.**

Bahnhof Hüinghausen
Elsetalstraße 46
D-58849 Herscheid-Hüinghausen
Tel. +49 2357/46 37
info@sauerlaender-kleinbahn.de
www.sauerlaender-kleinbahn.de

Die »Bieberlies« führt den Museumszug im Elsetal nach Hüinghausen.

Der Schluff – Krefelds historische Dampfeisenbahn

Der Name »Schluff« kommt vom zischenden Geräusch der Dampflok, ähnlich dem Geräusch eines schlurfenden Pantoffels, niederrheinisch »Schluffe«. Der Schluff gehört zu den ältesten Privatbahnen Deutschlands, 1868 wurde die Krefelder Eisenbahn gegründet. Vom Streckennetz ist die regelspurige 13,6 Kilometer lange Verbindung von St. Tönis über Krefeld Nord, Hüls zum Hülser Berg, dem Freizeit- und Erholungsgebiet, geblieben.
Fahrtage sind alle Sonntage zwischen Mai und September. In den Sommerferien fährt der FerienExpress, bei den Nikolausfahrten im Dezember ist der Nikolaus an Bord des Schluff.
Die Dampflok der historischen Dampfeisenbahn ist die 99 8921 »Graf Bismarck XV«, D n2t, Henschel, 1947.
Dank der Unterstützung der Freunde der Eisenbahn Krefeld e. V., der Interessengemeinschaft Schienenverkehr Krefeld e. V. und der Lebenshilfe Krefeld e. V. kann der Schluff zur Freude der Krefelder und ihrer Gäste auf den Schienen unterwegs sein.
Über die Geschichte des Schluff und des gesamten Verkehrs am Niederrhein informiert das Verkehrsmuseum auch mit zwei Modellanlagen. Das Museum in der St. Töniser Straße 270 ist jeden zweiten Sonntag im Monat 10 bis 13 Uhr geöffnet.

Der Schluff - Krefelds historische Dampfeisenbahn
SWK Mobil GmbH
Stadtwerke Krefeld AG
St. Töniser Straße 124
D-47804 Krefeld
Tel. +49 2151/98 44 82
schluff@swk.de
www.schluff-krefeld.de

Der Schluff am Hülser Berg.

Gillbachbahn Feldbahnmuseum Oekoven

Der (auch: die) Gillbach ist ein rechter Zufluss zur Erft und fließt durch Rommerskirchen und dessen Ortsteil Oekoven. Nach diesem Gewässer hat der 1976 gegründete Verein Feld- und Werksbahnmuseum Rommerskirchen-Oekoven seine ein Kilometer lange Museumsfeldbahn der Spurweite 600 mm benannt. Für die kleinen Besucher wurde eine 70 Meter lange Gartenbahnanlage mit Dreischienengleis der Spurweiten 5 und 7 1/4 Zoll erbaut.

Lok Nr. 4 von 1941 auf der Gillbachbahn.

Fahrtage sind die ersten Sonntage der Monate Mai bis Oktober. Die Züge fahren etwa im Halbstundentakt. Zusätzlich gibt es Nikolauszüge. Das Museum mit seinen vielen Loks, Wagen und Geräten ist an diesen Tagen von 10 bis 18 Uhr geöffnet.

FWM Feld- und Werksbahnmuseum Oekoven e. V.
Zur Werksbahn 1
D-41569 Rommerskirchen
Tel. +49 2183/8 06 83 77
info@gillbachbahn.de
www.gillbachbahn.de

Wiehltalbahn

Die regelspurige Nebenbahn im Oberbergischen wurde 1897 bis Wiehl, 1906 bis Waldbröl errichtet. 1994 erfolgte die Stilllegung. Nach vielen Querelen um den Erhalt der Bahn pachtete der Förderkreis zur Rettung der Wiehltalbahn e. V. die Strecke. 2001 wurde für den bahnspezifischen Betrieb die WB WiehltalBahn GmbH ins Leben gerufen. Sie betreibt den Verkehr mit ihrem Schienenbus von MAN, Baujahr 1966.

Der Zug »Bergischer Löwe« im Wiehltal.

Die Interessengemeinschaft Bw Dieringhausen, hervorgegangen aus dem Verein EFO Eisenbahnfreunde Flügelrad Oberberg, kümmert sich inzwischen um das große Bw Dieringhausen mit seinen kompletten Anlagen und Einrichtungen, die betriebsfähig sind und noch für die Fahrzeuge benutzt werden. Es ist ein Eisenbahnmuseum mit zahlreichen Fahrzeugen. Aus einer Bahnremise von 1893 entstand 1905 das Bw. Das Eisenbahnmuseum Dieringhausen ist geöffnet von März bis November samstags 10 bis 17 Uhr.
Die Museumszüge auf der Wiehltalbahn fuhren bislang von März bis November, 2026 voraussichtlich aber nicht.. Die 15 Kilometer lange Strecke verbindet das Eisenbahnmuseum über Dieringhausen, Osberghausen, Weiershagen, Bielstein und Alperbrück mit Wiehl. Vor die Museumszüge, »Bergischer Löwe« geheißen, ist die Dampflok »Waldbröl« gespannt, eine Maschine ähnlich der preuß. T 3, C n2t, 1914 bei Jung in Jungenthal gebaut.

WB Wiehltalbahn
IG Bw Dieringhausen

Hohler Straße 2
D-51645 Gummersbach/OT Dieringhausen
Tel. +49 175 9465531
www.wiehltalbahn.de
www.eisenbahnmuseum-dieringhausen.de

Die Lokparade im Museum des Bw Dieringhausen.

Selfkantbahn

Von 1900 bis 1971 führte die kreiseigene Kleinbahn nach Selfkant, der westlichsten Gemeinde Deutschlands im Selfkant, einer Freizeit- und Tourismusregion. Nach Stilllegung der 38 Kilometer langen Strecke übernahm die IHS Interessengemeinschaft Historischer Schienenverkehr e. V. die Strecke von Gillrath bis Schierwaldenrath und führt seit damals den Museumszugverkehr auf der 5,8 Kilometer langen Schmalspurstrecke, 1000 mm, durch. Stationen sind Geilenkirchen-Gillrath, Stahe, Gelindchen, Birgden, Schierwaldenrath. Hier ist das Museum, das die Geschichte der Kleinbahnen mit vielen Exponaten erzählt, an den Betriebstagen zu besichtigen. In Schierwaldenrath gibt es die Bahnhofsgaststätte »Zur Selfkantbahn«, Treffpunkt von Eisenbahnern und Eisenbahnfreunden.

Die Dampfzüge fahren von Mitte April bis Ende September an allen Sonn- und Feiertagen mehrmals am Tag, die letzte Fahrt übernimmt ein Dieseltriebwagen. Zusätzlich finden an vielen Samstagen Fahrten statt. Sonderfahrten führen Anfang April in den Frühling, es gibt Pfingstdampf, Teddybärenfahrten, Nikolausfahrten. In Zusammenarbeit mit der Gaststätte »Zur Selfkantbahn« werden Spargelfahrten und andere kulinarische Sonderfahrten veranstaltet.

Die große Sammlung der Fahrzeuge umfasst zurzeit sieben Dampfloks, zehn Dieseltriebfahrzeuge, 18 Reisezugwagen, 19 Güterwagen, 20 Nebenfahrzeuge. Betriebsfahrzeuge sind zwei Dampfloks, die »Haspe« von der

Der Talbot-Triebwagen im Bahnhof Birgden.

Klöckner-Hütte Hagen-Haspe, B n2t von Jung, 1956, die B n2t von Krauss-Maffei, 1949; vier Dieselloks, die B-dm von Deutz, 1937, die C-dm von Lokomotivbau Karl Marx Babelsberg, 1973, der Schienenbus, B´B´ aus Wismar, 1941, und der Talbot-Triebwagen (1A) (A1)-dm von 1950. Viele Loks sind in Aufarbeitung – wie die Diesellok B-dh, Deutz 1955, die von der Geilenkirchener Kleinbahn zur Chemin de fer de Togo gelangte und zurückkam.

Selfkantbahn
IHS Interessengemeinschaft Historischer Schienenverkehr e. V.
Am Bahnhof 13a
D-52538 Gangelt
Tel. +49 2454/66 99
info@selfkantbahn.de
www.selfkantbahn.de

Der Museumszug der Selfkantbahn mit der Lok von Krauss-Maffei.

Oleftalbahn

Für die Industrie in der Eifelregion war eine Eisenbahn im Olef- und Schleidener Tal unverzichtbar. 1881 war Baubeginn der eingleisigen Strecke in der Regelspur 1435 mm. Drei Jahre später war der Betriebsbeginn. Im Zweiten Weltkrieg teilweise zerstört, wurde 1948 die Bahn, liebevoll Flitsch geheißen, wieder in Betrieb genommen. 1981 wurde die Personen-, 1994 die Güterbeförderung eingestellt, 2006 der Touristik-Verkehr auf der 17,8 Kilometer langen Strecke aufgenommen. Seit 2012 steht die Strecke unter Denkmalschutz und ist das längste Streckendenkmal in Nordrhein-Westfalen.
Vorläufig kann die Oleftalbahn die beliebten Saison- und Charterfahren nicht mehr anbieten. Durch die Flutkatastrophe wurde im Juli 2021 die Trasse so stark in Mitleidenschaft gezogen, dass es derzeit nicht möglich ist, eine Aussage über die Wiedereröffnung zu treffen. Wir bitten um Verständnis. Informieren Sie sich auch weiterhin über die Homepage oder Facebook. Auf der Strecke verkehren MAN-Schienenbusse der RSE Rhein-Sieg-Eisenbahn wie der VT 9, der letzte Schienenbus, der 1969 bei MAN gebaut wurde, oder der VT 23. Hin und wieder kommt der Schienenbus VT 95 der Vulkan-Eifel-Bahn zum Einsatz. Nach Flutschäden gibt es Reaktivierungsbestrebungen der Strecke.

Vorläufig kann die Oleftalbahn die beliebten Saison- und Charterfahren nicht mehr anbieten. Durch die Flutkatastrophe wurde im Juli 2021 die Trasse so stark in Mitleidenschaft gezogen, dass es derzeit nicht möglich ist, eine Aussage über die Wiedereröffnung zu treffen. Informieren Sie sich auch weiterhin über die Homepage oder Facebook.

Der MAN-Schienenbus VT 9 bei Gemünd.

Oleftalbahn Bahn- und Businitiative Schleidener Tal (BuBi) e. V.

Langerscheider Weg 12
D-53937 Schleiden
Tel. +49 151/12 33 59 54
info@oleftalbahn.de
www.oleftalbahn.de

Der MAN-Schienenbus VT 23 kommt aus dem Gemünder Tunnel.

Kasbachtalbahn

Der Bau der Eisenbahnverbindung vom rechtsrheinischen Linz hoch in den Westerwald begann 1909, nach drei Jahren wurde die 35 Kilometer lange Regelspurstrecke eröffnet. Seit den 1950er Jahren wurde Stück für Stück die Strecke stillgelegt. Auf dem verbliebenen 8,9 Kilometer langen Abschnitt von Linz nach Kalenborn wurde 1995 auch der Güterverkehr eingestellt. Am 4. April 1999 übernahm die Eifelbahn Verkehrsgesellschaft den Betrieb auf der Kasbachtalbahn von Linz am Rhein über Kasbach, den neuen Haltepunkt Brauerei Steffens nach Kalenborn. Die Fahrten auf der steilen Bergstrecke finden von Anfang März bis 23. Dezember an den Sams-, Sonn- und Feiertagen, zusätzlich von Anfang Mai bis Ende Oktober jeden Mittwoch von 10 bis 18 Uhr im Stundentakt statt. Für die Hin- und Rückfahrten ist der Uerdinger Schienenbus VT 98 im Einsatz.

Kasbachtalbahn
Eifelbahn Verkehrsgesellschaft mbH
Rheinhöller 3
D-53545 Linz am Rhein
Tel. +49 2644/8 09 00
info@zugtouren.de
www.kasbachtalbahn.com

Brexbachtalbahn

Die 74 Kilometer lange Regelspurstrecke zwischen Neuwied-Engers am Rhein und Au (Sieg) wurde 1884 eröffnet und von der Bevölkerung »die Brex« genannt. Bis 1989 erfolgte die streckenweise Stilllegung. Auf dem Teilstück Engers–Siershahn im Westerwald, 21,6 Kilometer lang, führte der 2007 gegründete Verein Brexbachtalbahn von 2010 bis 2013 Nostalgiefahrten mit Schienenbus und Dampflok durch. Die Betriebsgenehmigung ist abgelaufen. Zurzeit kämpft der Verein für eine neue Genehmigung.

Brexbachtalbahn e. V.
Im Schulwäldchen 16
D-57572 Niederfischbach
Tel. +49 2734/65 27 32
olaf.hof@diebrex.de
www.diebrex.de

Vulkan-Express – Brohltalbahn

Die BEG Brohltal-Eisenbahn-Gesellschaft eröffnete 1901 ihren Betrieb auf der Schmalspurstrecke 1000 mm. 1987 und 1992 drohten Stilllegungsbeschlüsse, deshalb gründeten Eisenbahnfreunde 1987 die IBS Interessengemeinschaft Brohltal Schmalspureisenbahn, die den Betrieb auf der 17,5 Kilometer langen Strecke mit einer Zweigstrecke nach Brohl Rheinanlagen in Gang hielt. 1992 wurde eine Betriebs-GmbH gegründet. So fahren nun auch Güterzüge auf der Brohltalbahn. Der touristische Verkehr ist ein wichtiger wirtschaftlicher Faktor für die Region. Der Vulkan-Express bringt Ausflügler hoch in die Vulkaneifel. Die Fahrt geht über Viadukte, durch einen Tunnel und über eine 5,5 Kilometer lange Steilstrecke mit einem Höhenunterschied von 400 Metern. Die Stationen nach Brohl sind Schweppenburg, Bad Tönisstein, Burgbrohl, Weiler, Niederzissen, Oberzissen, Brenk, Engeln. Hier können die Fahrgäste auf Busse umsteigen, wandern oder auf den mitgeführten Fahrrädern die Tour fortsetzen.

Die Lok 11sm zieht den Vulkan-Express aus dem Bahnhof Brohl.

Die Fahrtage sind von Mai bis Oktober, an verschiedenen Tagen, Sonn- und Feiertage von Karfreitag bis Oktober; zusätzlich gibt es Nikolausfahrten an den Adventswochenenden und Winterfahrten am 26. und 31. Dezember und jeden zweiten Sonntag Januar bis Karfreitag.

Vor die Personenwagen, zu denen auch ein offener Cabriowagen gehört, wird die Dampflok 11sm (schwere

Die Diesellok D1 zieht den Zug über die Steilstrecke.

Vulkan-Express - Brohltaleisenbahn
Brohltalstr.
D-56656 Brohl-Lützing
Tel. +49 2636/8 03 03
buero@brohltalbahn.de
www.vulkan-express.de

Malletlok), B´B´ n4vt, 1906 bei Humboldt in Berlin gebaut, gespannt. Sie war schon früher auf der Brohltalbahn in Dienst. Oder eine der Dieselloks, D1, D2, Achsfolge C, 1965 bei Orenstein & Koppel in Berlin gebaut. Zwei andere Dieselloks und ein Triebwagen sind nicht betriebsfähig.

Der Vulkan-Express im Bahnhof Burgbrohl.

Historische Weinberg-Feldbahn Hofgut Serrig

In der staatlichen Weinbaudomäne Serrig wurde von 1904 bis 1906 eine Feldbahn von 14 Kilometer Streckenlänge eingerichtet. Nach der Privatisierung des Guts wurde die Bahn abgebaut. 1984 erfolgte die Gründung der Betriebsstätte Hofgut Serrig der Lebenshilfe-Werke Trier für behinderte Menschen. Im Jahr 2000 begann die Reaktivierung der Weinberg-Feldbahn zu touristischen und integrativen Zwecken. Ein neuer Rundkurs von 1,2 Kilometer der Spurweite 600 mm, ein Bahnhof, ein Lokschuppen und Haltestellen wurden mit Hilfe des Vereins der Feldbahnfreunde Serrig eingerichtet. In den

Die Weinberg-Feldbahn im Hofgut Serrig.

Werkstätten des Hofguts erfolgte die Restaurierung der Loks, Loren und Wagen. Seit 2001 gibt es wieder Fahrbetrieb in Serrig. An den Sonn- und Feiertagen von Mai bis Oktober von 14 bis 17 Uhr, am Muttertag ab 11 Uhr fahren die Züge mehrmals auf der Strecke. Partner der Feldbahn sind die Feldbahnfreunde Schermbeck-Gahlen e. V. und das Gruben- und Feldbahnmuseum Zeche Theresia der Arge Muttentalbahn e. V.
Zum Einsatz kommen die Dieselloks DS 12s von Diema, 1949, und »Emma« Ns 2 h vom LKM, 1958.

Historische Weinberg-Feldbahn
Hofgut Serrig
Betriebsstätte der Lebenshilfe-Werke Trier GmbH
Hauptstr. 1
D-54455 Serrig
Tel. +49 6581/91 45 0
info@feldbahnfreunde-serrig.de
www.hofgut-serrig.de
www.feldbahnfreunde-serrig.de

Stumpfwaldbahn Ramsen

Stumpfwaldbahn Ramsen e. V.
Eiswoog 2
D-67305 Ramsen/Pfalz
Tel. +49 160 96442288
jmerz@stumpfwaldbahn.de
www.stumpfwaldbahn.de

Im nördlichen Teil des Pfälzerwalds erstreckt sich der Stumpfwald. Hier haben Eisenbahnfreunde, die 1989 einen Verein gegründet hatten, eine Schmalspurbahn, Spurweite 600 mm, aufgebaut. Die Streckenlänge beträgt zurzeit etwa vier Kilometer. Seit 1996 wird zwischen den Bahnhöfen Ramsen über Bockbachtal und Eiswoog, in dessen Nähe der Haltepunkt der normalspurigen Eistalbahn liegt, der Schienenverkehr durchgeführt. Von 10.10 Uhr bis 17.10 Uhr verkehren an den Fahrtagen stündlich von Eiswoog die Züge. Die Stumpfwaldbahn fährt an den Sonn- und Feiertagen außer an Himmelfahrt von Ostern bis zum 3. Oktober. Im Dezember gibt es Nikolausfahrten.
Von den 16 Lokomotiven sind sechs im Einsatz. Bei schönem Wetter werden auch Dampflokfahrten durchgeführt. Die Dampflok Typ Fabia, B n2t, 1939 bei Henschel gebaut, war eine Bauzuglok der Wehrmacht, kam über das Frankfurter Feldbahnmuseum zur Stumpfwaldbahn. Erwähnt seien noch die Gmeinder-Diesellok B-dm, vermutlich von 1938/39; die Diema DS 60 von 1962; Diema DS 40 von 1957; Diema DFL 60 von 1982; alle in der Bauart B-dm.

Die Stumpfwaldbahn in Ramsen.

Kuckucksbähnel Neustadt–Elmstein

Eisenbahnmuseum Neustadt (Weinstr.)
Kuckucksbähnel
Schillerstraße 3
D-67434 Neustadt an der Weinstraße
Tel. +49 6321/3 03 90
info@eisenbahnmuseum-neustadt.de
www.eisenbahnmuseum-neustadt.de

Seit dem 11. Juni 1847 ist Neustadt, damals noch mit dem Zusatz an der Haardt, eine Eisenbahnstadt. Damals wurde die 29,4 Kilometer lange Teilstrecke der Pfälzischen Ludwigsbahn Neustadt-Schifferstadt-Ludwigshafen eröffnet. Am 18. Juli 1855 wurde die erste 18,5 Kilometer lange Teilstrecke der Nord-Süd-Verbindung der Pfälzischen Maximiliansbahn von Neustadt bis Landau eröffnet. Erst seit 1935 heißt es: Neustadt an der Weinstraße; bei der Eisenbahn: Neustadt (Weinstr.).

Im Lokschuppen des ehemaligen Bw Neustadt und im alten Verwaltungsgebäude richtete die DGEG Deutsche Gesellschaft für Eisenbahngeschichte e. V. ein Museum ein. Das andere DGEG-Museum ist in Bochum (siehe Seite 79). Im Neustädter Museum hinter dem Bahnhof sind 14 Dampfloks oder Teile davon zu sehen, sieben Diesel- und vier Elektroloks, zudem viele Geräte und Utensilien. Das Museum ist von Dienstag bis Freitag 10 bis 13 Uhr, Sams-, Sonntag und an Feiertagen 10 bis 16 Uhr geöffnet, vom 24. Dezember bis 6. Januar geschlossen, dann bis Ende Februar nur samstags von 10 bis 16 Uhr geöffnet.

Lok 89 7159 wartet auf ihren Einsatz vor dem Kuckucksbähnel.

Zwei der Dampfloks aus der Sammlung sind betriebsfähig. Die 89 7159, preuß. T3, C n2, Henschel, 1910, und die »Speyerbach«, C n2, Humboldt, 1904. Diese Lok braucht eine umfangreiche Revision, während dieser Zeit ist die 93 1378, 1´D1´ h2t, StEG Wien, 1927, im Einsatz, die bei den Kärntner Museumsbahnen, bei der Wutachtalbahn und der Kandertalbahn in Betrieb war.

Diese Loks sind abwechselnd vor den Museumszug gespannt, der »Kuckucksbähnel« heißt, weil dieser Vogel im Tal, durch das der Zug fährt, heimisch ist. Die Fahrt geht auf der 20 Kilometer langen Normalspurstrecke, die als Nebenbahn 1908/09 längs des Speyerbachs eröffnet wurde, von Neustadt über Lambrecht, Frankeneck, Erfenstein, Breitenstein, Helmbach nach Elmstein und zurück. An den Fahrtagen verkehren zwei Züge, vom 1. Mai über verschiedene Sonntage bis Mitte Oktober, auch Rollende Weinproben stehen auf dem Fahrplan. Nikolausfahrten gibt es im November und Dezember.

Museumseisenbahn Merzig-Losheim

Die MBE Merzig-Büschfelder Eisenbahn eröffnete 1903 ihre 22 Kilometer lange Normalspur-Strecke. 1962 wurde der Personen-, 1987 der Güterverkehr eingestellt. Ein Teil der Strecke wurde abgebaut. Auf den verbliebenen 16 Kilometern sind seit 1982 die Museumszüge des im Jahr zuvor gegründeten Museums-Eisenbahn-Clubs in Fahrt zwischen Merzig Ost über Losheim zur Dellborner Mühle.
Wegen Streckensanierung finden zur Zeit keine-Fahrten statt.
Die Züge werden von der Dampflok 34 »Losheim«, ex Saarbergwerk, D n2t, 1948 bei Henschel gebaut, oder von der Diesellok 51, ex MBE, C-dh, 1959 bei Jung gebaut, gezogen. Die vielen anderen Lokomotiven sind im Lokschuppen, der als Museum dient, zu sehen. Das Museum ist an den Fahrtagen geöffnet. Auf dem Bahngelände in Losheim ist das Bahnpostmuseum in drei Bpw Bahnpostwagen zu besichtigen. Die BArGe Bundesarbeitsgemeinschaft Bahnpost e. V., 1973 gegründet, zeigt sein Museum an den Fahrtagen der Museumseisenbahn. Das Dampflokfest des MECL ist zugleich das internationale Bahnpostfest mit einem Postsonderzug.

Museumseisenbahn Merzig-Losheim
MECL Museums-Eisenbahn-Club Losheim
Eisenbahnfreunde e. V.

Streifstraße 3
D-66679 Losheim am See
Tel. +49 6872/81 58
info@museumsbahn-losheim.de
touristik@losheim.de
www.museumsbahn-losheim.de
www.losheim.de

Bahnpostmuseum
der BArGe Bahnpost e. V.

Bahnhof Losheim
D-66679 Losheim am See
barge.bahnpost@gmx.de
www.bahnpostmuseum.de

Dampflok 34 im Bahnhof Losheim.

Dampflok 34 steht mit ihrem Zug bereit zur Abfahrt am Bahnsteig in Losheim.

Ostertalbahn

Nordöstlich von Saarbrücken liegt Ottweiler an der Ostertalbahn, die in zwei Abschnitten 1937/38 eröffnet wurde. 1980 wurde der Personen-, 2001 der Güterverkehr eingestellt. Schon 1999 gründeten Eisenbahnfreunde den AkO Arbeitskreis Ostertalbahn, um die 21 Kilometer lange Regelspurstrecke mit ihren 32 Brücken und Viadukten als Museumseisenbahn zu betreiben. Zwischen Schwarzerden Bf in Rheinland-Pfalz und Ottweiler Bf im Saarland liegen die Bedarfshaltepunkte Oberkirchen, Haupersweiler, Osterbrücken, Marth, Niederkirchen, Werschweiler, Dörrenbach, Fürth (Ostertal), Ottweiler-Wingertsweiler. Fahrtage sind von Ostern bis Oktober Sonntage zweimal im Monat, auch an Ostersamstag und Ostersonntag, am 1. Mai, Vatertag, Pfingstmontag, 3. Oktober, Sonderfahrten zu Festen und Märkten, in der Adventszeit fünf Nikolausfahrten. Vor die Museumszüge sind Dieselloks gespannt, zum Beispiel die beiden Köf-Loks von Jung, 1959, und O&K, 1963.

Ostertalbahn
AkO Arbeitskreis Ostertalbahn e. V.
Kuseler Str. 27
D-66871 Herchweiler
Tel. +49 171/2927401
ako@ostertalbahn.de
www.ostertalbahn.de

Eine Frühlingsfahrt auf der Ostertalbahn.

Der Zug der Ostertalbahn auf der Talbrücke bei Oberkirchen.

Feldbahn- und Industriemuseum Wiesloch

In Wiesloch im nördlichen Baden-Württemberg, 13 Kilometer von Heidelberg entfernt, wurde 1897 das Werk Tonwarenindustrie Wiesloch als Ziegelwerk gegründet. 1989 wurde die Produktion eingestellt. 2001 wurde der Verein Feldbahn- und Industriemuseum gegründet, um Schienenfahrzeuge der Spurweite 600 mm und Baumaschinen zu sammeln. Der Museumslokschuppen war früher Teil der Ziegelei und beherbergte die Loks des Tongrubenbetriebs. Der Verein hat zurzeit 19 Loks, die früher in verschiedenen Betrieben im Einsatz waren. Betriebsbereit sind die Dieselloks O&K Typ M, 1927; Gmeinder Lok von 1948 aus einer Ziegelei; die Lok »Biene Maja«, Eigenbau der RMD Rhein-Main-Donau AG aus der Zeit von 1960 bis 1968; eine Diema DL 6 von 1957; eine Gmeinder-Lok von 1962 aus dem Ziegelwerk Löhlein; eine Gmeinder-Lok von 1965 aus einem französischen Stahlwerk; die Diema DS 40 von 1956, die ursprünglich bei der Tonwarenindustrie Wiesloch in Betrieb war und jetzt wieder zu Hause ist.
Die Streckenlänge der Museumsbahn beträgt 1,5 Kilometer. Es gibt vier bis sechs Fahrtage im Jahr, zum Beispiel am 1. Mai die Fahrt in den Mai, einen Sommerfahrtag im Juni, am Tag des offenen Denkmals im September, Laternenfahrten im Oktober.

Feldbahn- und Industriemuseum Wiesloch e. V.
In den Weinäckern 2
D-69168 Wiesloch
Geschäftsstelle:
Wieslocher Straße 30
D-69231 Rauenberg
Tel. +49 179/8 32 75 03
info@feldbahnmuseum-wiesloch.de
www.feldbahnmuseum-wiesloch.de

Zug mit der Gmeinder-Lok von 1962.

Züge mit Diema- und Gmeinder-Loks vorm Schuppen.

Krebsbachtalbahn Roter Flitzer

Die Nebenbahn in Regelspur wurde 1902 eröffnet und verband bis 2009 Orte im Kraichgauer Hügelland und im Vorderen Odenwald. Seit 1. Mai 2016 verkehrt auf der Krebsbachtalbahn ein Uerdinger Schienenbus, Achsfolge AA, mit Steuerwagen. Bei der ÖBB war er seit 1964 im Einsatz. Jetzt heißt er »Roter Flitzer« und gehört dem Förderverein Schienenbus in Kornwestheim. An den Fahrtagen vom 1. Mai bis September ist er an allen Sonn- und Feiertagen und in dieser Zeitspanne an jedem zweiten und vierten Mittwoch mehrmals unterwegs und verbindet Neckarbischofsheim Nord, Stadt, -Helmhof,

Förderverein Krebsbachtalbahn e. V.
Akazienstraße 52
D-74924 Neckarbischofsheim
Tel. +49 7263/6198450
hjvogt@t-online.de
www.krebsbachtal-bahn.de

Förderverein Schienenbus »Roter Flitzer e. V.
Bolzstraße 126
D-70806 Kornwestheim
Tel.+49 07154/13 18 36
info@foerderverein-schienenbus.de
www.roter-flitzer.de

Untergimpern, Obergimpern, Siegelsbach mit Hüffenhardt. Zudem ist der Schienenbus »Roter Flitzer« im Gelegenheits- und Charterverkehr auf Strecken der DB unterwegs.

Der Rote Flitzer passiert Neckarbischofsheim.

Roter Flitzer in Obergimpern.

Feldbahn Neckarbischofsheim

Seit 2001 fahren Züge auf der Schmalspurbahn, Spurweite 600 mm, auf dem Rundkurs mit dem Gleisdreieck. Zur Anlage gehören eine Remise, die Wagenhalle mit Schiebebühne, der Lokschuppen und das Vereinsheim. Fahrtage ab 11 Uhr sind Ostern, die Feldbahntage zu Pfingsten, Fahrtage in den Monaten Juni bis Oktober, zwischen 12 und 14 Uhr gibt es nur Fahrten mit dem Gleisfahrrad und Draisinen. Die Fahrt in den Mai beginnt am 30. April um 18 Uhr, auch die Dämmerfahrt Mitte August, Oktoberfest im Oktober. Das Kinderferienprogramm im August dauert von 13 bis 16 Uhr.

Feldbahn Neckarbischofsheim e. V.
Bergstraße 1
D-74924 Neckarbischofsheim
Tel. +49 7 63/60 45 90
feldbahn@url-designs.de
www.feldbahn-nbh.de

Vor die verschiedenen Wagen werden Dieselloks gespannt. »Bischesse« nach dem Namen Neckarbischofsheim im Volksmund heißt die Lok vom Typ Ns 1, LKM, 1957; die anderen Loks sind Ns 1b, LKM, 1960, und die Gmeinder-Lok Typ 28 PS, 1960.

Süddeutsches Eisenbahnmuseum Heilbronn

Der erste Zug auf einer der württembergischen Hauptbahnen erreichte am 7. Juni 1848 Heilbronn. Der Ringlokschuppen aus dem Jahr 1893 gehört zum ehemaligen Bw Heilbronn-Böckingen. In der denkmalgeschützten Anlage residiert das Eisenbahnmuseum. Leider wurde das Museum bereits 2020 geschlossen. Nach einem Urteil des Oberlandesgerichts Stuttgart musste das Gelände bis zum 31. Januar 2025 geräumt und an die Eigentümerin herausgegeben werden.

SEH Süddeutsches Eisenbahnmuseum Heilbronn e. V.
Leonhardstraße 15
D-74080 Heilbronn-Böckingen
Tel. +49 7131/3 90 74 34
museum@eisenbahnmuseum-heilbronn.de
www.eisenbahnmuseum-heilbronn.de

17 Dampfloks von 1895 bis 1959, zwei Elektroloks von 1940 und 1942, 14 Dieselloks von 1922 bis 1971, zwei Triebwagen von 1952 und 1954 und viele Wagen und Bahndienstfahrzeuge waren hier versammelt.

Die zeitweilig in Heilbronn beheimatete Lok 38 3199 gehört mittlerweile zum Bestand des Bayerischen Eisenbahnmuseums in Nördlingen (siehe Seite 114).

Schlossgartenbahn Karlsruhe

Schlossgartenbahn Karlsruhe
VBK Verkehrsbetriebe Karlsruhe GmbH

Tullastraße 71
D-76131 Karlsruhe
Tel. +49 721/61 07 58 85
info@vbk.karlsruhe.de
www.vbk.info

Für die Bundesgartenschau 1967 wurde im Schlossgarten ein 2,7 Kilometer langer Rundkurs der Spurweite 600 mm gebaut. Die Karlsruher und ihre Gäste liebten dieses »Bähnle«, das nach der Bundesgartenschau nicht seinen Betrieb einstellte und abgebaut wurde. Die Verkehrsbetriebe Karlsruhe übernahmen den Betrieb. Die Bahn fährt von Karfreitag bis Allerheiligen an den Wochenenden und Feiertagen; samstags von 13 bis 19 Uhr, sonn- und feiertags von 11 bis 19 Uhr; von Ende Mai bis Ende September auch montags bis freitags von 13 bis 18 Uhr.
Die Dampflok »Greif« ist im Einsatz, Typ Riesa, B n2t, Henschel, 1939, 1970 auf Holzfeuerung und als Westernlok umgebaut; diese Lok ist in Privatbesitz. Die Gmeinder-Diesellok von 1955, B-dm, wurde von den Verkehrsbetrieben 1991 umgebaut. Die Porsche-Lok von 1959, auf der Sollinger Hütte gebaut, ist eine Parkeisenbahn-Lok, erinnert an ein Porsche-Automobil, hat einen Porsche-Motor und kommt meist freitags zum Einsatz.

Turmbergbahn Karlsruhe

Turmbergbahn
VBK Verkehrsbetriebe Karlsruhe GmbH

Tullastraße 71
D-76131 Karlsruhe
Tel. +49 721/61 07 52 80
info@vbk-karlsruhe.de
www.vbk.info
www. turmbergbahn.de

Die älteste Standseilbahn Deutschlands fährt seit 1888 vom Stadtteil Durlach, Turmbergstraße 18, auf den 256 Meter hohen Turmberg. Die Bahn mit der Spurweite 1000 mm bewältigt auf der 315 Meter langen Strecke von der Tal- zur Bergstation eine Höhe von 140 auf 240 Meter. Bis zur Elektrifizierung 1966 wurde die Bahn mit Wasserballast betrieben. In den Tank des talwärts fahrenden Wagens wurde Wasser gefüllt und der schwere Wagen zog den anderen Wagen bergauf.
Die Bahn fährt alle 15 Minuten, von April bis Oktober täglich, von November bis März nur an den Sams-, Sonn- und Feiertagen. Jetzt wurde die Bahn stillgelegt. Nun hat das Regierungspräsidium in Karlsruhe mitgeteilt, dass das Land Baden-Württemberg den Neubau einer Turmbergbahn fördert. Die Baumaßnahmen sollen nach Angaben des Regierungspräsidiums im Frühjahr 2026 beginnen.

Dampfzüge auf der Albtalbahn Dampfzüge auf der Murgtalbahn

Der Verein UEF Ulmer Eisenbahnfreunde wurde 1969 gegründet und ist in Sektionen unterteilt. Die Sektion Dampfnostalgie Karlsruhe veranstaltet die Fahrten der Dampfzüge auf der Albtalbahn, einer normalspurigen Strecke, die seit 1898 in Betrieb ist und der AVG Albtal-Verkehrs-Gesellschaft gehört. Die Strecke ist 26,7 Kilometer lang und verbindet Karlsruhe Hbf. mit Ettlingen Stadt, Busenbach, Etzenrot, Marxzell, Frauenalb bis Bad Herrenalb. Fahrtage sind der 1. Mai, die letzten Sonntage der Monate Mai, Juni, Juli, August bis Oktober; zusätzlich am Wochenende Mitte August mit Fahrten zum Bahnhofsfest in Bad Herrenalb und die Nikolausfahrten im Advent. Der Museumszug wird von der Dampflok 58 311 gezogen, einer bad. G 12, 1´E h3, 1921 bei der Maschinenbaugesellschaft Karlsruhe gebaut.

Lok 58 311 der Ulmer Eisenbahnfreunde auf der Murgtalbahn.

Dampfzug mit Lok 58 311 auf der Albtalbahn.

Dampfzüge auf der Albtalbahn
Dampfzüge auf der Murgtalbahn
UEF Ulmer Eisenbahnfreunde e. V.
Sektion Dampfnostalgie Karlsruhe

Bahnhofstraße 12
D-76275 Ettlingen
Tel. +49 7243/7 15 96 86
service@danoka.de
www.ulmer-eisenbahnfreunde.de
www.albtalbahn-dampfzug.de
www.murgtal-dampfzug.de

Die normalspurige Murgtalbahn, ab 1868 errichtet, gehört auch der AVG, und die Dampfzüge auf dieser Bahn werden auch von der UEF, Sektion Karlsruhe, die hier zu Gast ist, betrieben. Die befahrene Strecke von Karlsruhe Hbf. bis Baiersbronn ist 72,2 Kilometer lang, Zwischenstationen sind Rastatt, Kuppenheim, Gaggenau, Gernsbach, Weisenbach, Langenbrand, Forbach, Raumünzach, Schönmünzach. Fahrtage sind die ersten Sonntage im Mai, Juni, Juli, August, ein Sonntag Mitte Juli und zum Bahnhofsfest nach Baiersbronn Mitte September. Hier ist auch wie auf der Albtalbahn die Lok 58 311 in Dienst.

Das Viadukt über der Tennetschlucht der Murgtalbahn.

Alb-Bähnle Amstetten–Oppingen

1901 wurde von der WEG Württembergische Eisenbahn-Gesellschaft die Nebenbahn Amstetten–Laichingen, Spurweite 1000 mm, auf der Schwäbischen Alb eröffnet. 1985 wurde der Verkehr eingestellt, von der einst 19 Kilometer langen Bahn blieb ein Teilstück zwischen Amstetten und Oppingen von sechs Kilometern erhalten. Das nutzen die Ulmer Eisenbahnfreunde für ihre Museumsbahn. Fahrtage mit mehreren Fahrten sind der 1. Mai und Himmelfahrt, Sonntage von Juni bis Oktober, wobei der letzte August-Sonntag der Teddybär-Tag ist, an dem Kinder mit Teddy kostenlos fahren; der letzte Oktober-Sonntag werden Halloweenfahrten veranstaltet, und am ersten Dezember-Wochenende gibt es Adventsfahrten. Zum Einsatz kommen die Dampflok 99 7203, bad. C, Bauart C n2t, 1904 bei Borsig in Berlin gebaut, und die Diesellok D8, L18h, C-dh, 1986 von der Lokfabrik 23. August in Bukarest gebaut. Eine Dampflok, drei Dieselloks und ein Wismarer Triebwagen sind abgestellt.

Alb-Bähnle
UEF Ulmer Eisenbahnfreunde e. V.
Sektion Alb-Bähnle

Geislingerstr.
D-89191 Nellingen
Tel. +49 7331/79 79
albbaehnle@uef-dampf.de
www.albbaehnle.de

Das Alb-Bähnle mit der Lok 99 7203 von 1904.

Lokalbahn Amstetten–Gerstetten UEF Ulmer Eisenbahn-Freunde e. V.

Alb-Bähnle
UEF Ulmer Eisenbahnfreunde e. V.
Sektion Lokalbahn
Am Bahnhof 1
D-89547 Gerstetten
Tel. +49 1512/8 85 50 00
info@uef-lokalbahn.de
www.uef-lokalbahn.de

Die normalspurige Lokalbahn von Amstetten über Stubersheim, Schalkstetten, Waldhausen, Gussenstadt nach Gerstetten, 20 Kilometer lang, wurde 1906 eröffnet. Seit 1980 sind die Ulmer Eisenbahnfreunde hier zu Gast und führen den Betrieb von Museumsbahnen durch. Es kommen Dampfzüge mit der Lok 75 1118, 1´C1´ h2, 1921 bei der MBG Maschinenbau-Gesellschaft Karlsruhe gebaut, mit dem Plattformwagen aus den 1920er Jahren, in Fahrt. Fahrtage mit mehreren Fahrten sind 1. Mai, Sonntags 29. Mai, 13. Juli, 14. September und 12. Oktober. Mit dem Triebwagen T 06, Achsfolge AA, 1956 bei der Waggonfabrik Fuchs in Heidelberg gebaut, werden viele Fahrten durchgeführt – vom 1. Mai und an vielen Sonntagen bis zum Oktober, zudem am 3. Oktober. Am ersten September-Sonntag wird das Bahnhofsfest in Gerstetten gefeiert, Nikolaus-Dampfzugfahrten gibt es im Dezember.

Lok 75 1118 zwischen Amstetten und Gerstetten.

Historischer Dampfschnellzug

Alb-Bähnle
UEF Ulmer Eisenbahnfreunde e. V.
Postfach 10 01 16
D-7001 Stuttgart
info@schnellzuglok.de
www.schnellzuglok.de

Die Ulmer Eisenbahnfreunde veranstalten Sonderfahrten mit historischen Wagen und spannen eine dieser drei Schnellzugloks davor: 01 173, 2´C1´ h2, 1936 bei Henschel gebaut; 01 1066, 2´C1´ h3, 1939 bei der BMAG gebaut; 01 1081, 2´C1´ h3, 1940 bei der BMAG gebaut. Die Reisen führen zu verschiedenen Zielen.

Ein Historischer Dampfschnellzug mit der Lok 01 1066.

Dampf beim Öchsle in Oberschwaben: 99 633 am 9. Oktober 2015 bei Reinstetten.

Strohgäubahn mit Museumszug »Feuriger Elias«
Tälesbahn mit Museumszug »Sofazügle«

GES Gesellschaft zur Erhaltung von Schienenfahrzeugen Stuttgart e. V.
Bahnhofstr. 42/2
D-71267 Weissach
Info-Tel. +49 711/988099071
info@ges-ev.de
www.ges-ev.de

Die 1965 gegründete GES Gesellschaft zur Erhaltung von Schienenfahrzeugen Stuttgart e. V. betreibt auf drei Bahnstrecken den Verkehr von Museumszügen und fährt aus besonderen Anlässen auch auf anderen Strecken der Regelspur im Großraum Stuttgart oder nach Heidelberg oder an den Rhein.
Vor die Museumszüge werden die Dampfloks 89 363, württ. T 3, C n2t, Maschinenbaugesellschaft Heilbronn, 1905, gespannt oder die Lok 16, 92 442, preuß. T 13, D h2t, AEG Hennigsdorf, 1928. Zudem stehen eine E-Lok E 94 und diverse Dieselloks zur Verfügung.
Strohgäubahn heißt die 1906 eröffnete kurvenreiche und mit großen Steigungen versehene Strecke, die durch ein ausgedehntes Getreideanbaugebiet führt. Der Museumszug auf der 22 Kilometer langen Strecke heißt »Feuriger Elias« und verbindet Korntal, Münchingen, Schwieberdingen, Hemmingen, Heimerdingen mit Weissach. An den Fahrtagen im Januar, April, Mai, Juni, Juli, September, Oktober und Dezember verkehren drei Dampfzüge auf dieser Strecke.

Der feurige Elias in Kornwestheim.

Tälesbahn heißt die talreiche Strecke, die von Nürtingen nach Neuffen 1900 eröffnet wurde. Sie fährt von über Nürtingen, Frickenhausen, Linsenhofen nach Neuffen. Fahrtage sind Sonntage Mitte Juni, August, Oktober.

Schwäbische Waldbahn DBK Historische Bahn

Schwäbische Waldbahn
DBK Historische Bahn e. V.
Horaffenstraße 32
D-74564 Crailsheim
Tel. +49 7951/79997
info@dbk-historische-bahn.de
www.dbk-schwaebische-waldbahn.de

Von 1908 bis 1911 wurde die Wieslauftalbahn erbaut. Der Verkehr wurde 1988 eingestellt. Seit 2010 fahren Museumszüge auf der 22,9 Kilometer langen steilen Regelspurstrecke, die nun Schwäbische Waldbahn heißt. An den Betriebstagen fahren dreimal die Züge hin und zurück - von Schorndorf über Haubersbronn, Miedelsbach, Michelau, Rudersberg, Oberndorf, über das Strümpfelbachviadukt, weiter nach

Mit Volldampf geht es über das Strümpfelbachviadukt.

Breitenfürst, Tannwald nach Welzheim. Wegen Reparatur ist die Strecke Schorndorf-Welzheim erst ab Mai 2026 wieder befahrbar.
Dampf- und Dieselfahrten wechseln sich an den Sonn- und Feiertagen vom 1. Mai bis in den Dezember ab. DBK-Züge sind auch auf den Strecken Crailsheim-Bad Mergentheim als Taubertal-Express, Backnang-Gaildorf-Schwäbisch Hall als Murrtal-Express und Waldenburg-Wackershofen-Schwäbisch Hall als Hohenlohe-Express unterwegs.
Vor die Züge werden die betriebsbereiten Maschinen gespannt: Dampflok 64 419, 1´C1´ h2, Maschinenfabrik Esslingen, 1937, oder die Diesellok V 100 2084, MaK, 1964.
Der Verein, 1985 als DBK Dampfbahn Kochertal gegründet, residiert seit 2010 im Bw Crailsheim.

Härtsfeld-Museumsbahn

HMB Härtsfeld-Museumsbahn e. V.
Betriebsgelände
Dischinger Straße 11
D-73450 Neresheim
Tel. +49 73 26/57 55
Geschäftsstelle
Postfach 91 26
D-73416 Aalen
Tel. +49 172/9 11 71 93
information@hmb-ev.de
www.hmb-ev.de

Die Schmalspurstrecke 1000 mm im Osten von Baden-Württemberg von Aalen nach Ballmertshofen, 39 Kilometer lang, wurde 1901 eröffnet, der bayerische Abschnitt nach Dillingen 1906, die Gesamtstreckenlänge betrug nun 55 Kilometer. Die Bahn wurde »Schätterer« genannt, schättern ist ein altes Wort für klappern. Die Abstellung der letzten Dampfloks erfolgte 1963. Die Einstellung des Verkehrs fand 1972 statt, der Abbau der Gleise bis 1976. 1985 wurde der Verein Härtsfeld-Museumseisenbahn gegründet, der im Jahr darauf mit dem Wiederaufbau der Gleise begann. Die Strecke von Neresheim über Steinmühle nach Sägmühle ist 2,9 Kilometer lang. An einer Verlängerung wird gearbeitet.
Das Härtsfeldbahn-Museum im Bahnhof Neresheim ist an den Fahrtage von 11 bis 12 und von 13 bis 17 Uhr geöffnet.
Die Fahrtage der Museumsbahn beginnen am 1. Mai, finden an jedem ersten Sonntag von Mai bis Oktober statt, zusätzlich an Himmelfahrt mit Museumsfest, an Pfingsten, Ende Juni zum Stadtfest Neresheim, am Wochenende Mitte August zum Museumsfest, am Tag des offenen Denkmals Anfang September, im Dezember Nikolausfahrten – mehrmals an diesen Tagen verkehren die Züge. Die Triebfahrzeuge sind die Dampflok Lok 12, B h2t, 1913 bei der Maschinenfabrik Esslingen gebaut; der Triebwagen T 33, Typ Frankfurt, B2, Waggonfabrik Wismar 1934, modernisiert 1961 bis 1964; D 4 »Jumbo«, B´B´, Jung 1954; in Aufarbeitung sind Lok 11, B h2t, 1913 in Esslingen gebaut, und Triebwagen T 37, B´B´, MAN 1960.

Ausfahrt aus Neresheim mit Lok 12.

Der T 33 vor der Abtei Neresheim.

Öchsle-Bahn Ochsenhausen–Warthausen

1899 wurde die Teilstrecke Warthausen-Ochsenhausen einer württembergischen Nebenbahn als Schmalspurbahn, 750 mm Spurweite, eröffnet, 1900 der Abschnitt nach Biberach. 1964 erfolgte die Einstellung des Personenverkehrs, 1983 wurde aller Verkehr eingestellt. Der Öchsle Schmalspurbahn e. V. verhinderte den Abbau der Strecke. Von 1985 bis 1991 war eine GmbH tätig, bis 2000 eine Betriebsgesellschaft, ab 2001 eine Betriebs-GmbH mit Gesellschaftern von Landkreis Biberach, den Anliegergemeinden und der Tourismus GmbH. Das Personal der Werkstatt und des Fahrbetriebs wird vom Öchsle Schmalspurbahn e. V. gestellt. Die Züge auf der einzigen erhaltenen Schmalspurbahn der Königlich Württembergischen Staatseisenbahnen fahren von Ochsenhausen über Reinstetten, Maselheim, Äpfingen nach Warthausen – zweimal hin und zurück an den Fahrtagen vom 1. Mai bis zum ersten Sonntag im Oktober jeden Sonntag und jeden ersten und dritten Samstag im Monat, von Juli bis September auch donnerstags. Zudem werden Sonderfahrten veranstaltet wie die Westernfahrt im Mai, zum Öchslefest, die Bachusfahrt mit Weinprobe und die Teddybärenfahrt und eine kulinarische Reise im Juli, Mondscheinfahrten im Oktober, Winterdampffahrten zum Weihnachtsmarkt und Nikolausfahrten.

Eine abenteuerliche Westernfahrt mit der Öchsle-Bahn.

Öchsle-Museumsschmalspurbahn
Obere Stegwiesen 11
D-88447 Warthausen
Info und Reservierung:
Tourist-Information
Marktplatz 1
D-88416 Ochsenhausen
Tel. +49 7352/92 20 26
verein@oechsle-bahn.de
www.oechsle-bahn.de

Die Öchsle-Dampfloks sind die 99 633, württ. Tssd, B´B´ n4vt, bei Esslingen 1899 gebaut; »Rosa«, 99 716, sächs. VI K, E h2, Hartmann, 1927; »Berta«, 99 788, 1´E1´ h2t, LKM, 1956; 99 651, E h2, Henschel, 1918. Es gibt drei Gmeinder-Dieselloks aus den Jahren 1946, 1964, 1965.

Eine romantische Fahrt mit der Öchsle-Bahn.

Schwäbische Alb-Bahn

Die Nebenbahn in die Schwäbische Alb wurde ab 1892 in der Regelspur erbaut. Nach teilweiser Stilllegung betreibt die SAB Schwäbische Alb-Bahn GmbH den Personen- und Güterverkehr auf der verbliebenen 43 Kilometer langen Strecke von Schelklingen über Münsingen nach Engstingen. In Zusammenarbeit mit dem 2003 gegründeten Verein Schwäbische Alb-Bahn werden Museumszüge auf der Strecke betrieben. Die Saison beginnt mit dem Winterdampf im neuen Jahr, Osterhäslefahrten, der Gourmet-Express, Sommer-Dampf, Bratapfelzügle, Nikolausfahrten und Christkindleszüge stehen auf dem Fahrplan.
Zu den Triebfahrzeugen der SAB gehören die Schienenbusse NE 81, Fahrzeuge für nichtbundeseigene Eisenbahnen, Indienststellung 1981; MAN Schienenbusse VT 8, 1961; die Diesellok V 50 001, Krauss-Maffei, 1957; Lok 20, B h2t, MBG Maschinenbau-Gesellschaft Karlsruhe, 1928; Lok 58 311, bad. G 12, 1´E h3, MBG Karlsruhe, 1921, von UEF Ulmer Eisenbahnfreunde; Dampflok württ. T3 930, C n2t, MBG Heilbronn, 1905, von GES Stuttgart.

SAB Schwäbische Alb-Bahn GmbH
Reisedienst der Schwäbischen Alb-Bahn
Bahnhofstraße 8
D-72525 Münsingen
Tel. +49 800/4 44 76 73
reisedienst@alb-bahn.com
www.alb-bahn.com

Schwarzwaldbahn Zollernbahn

Die Schwarzwaldbahn, etwa 150 Kilometer lang, verbindet Offenburg mit Singen am Hohentwiel im Süden. Sie überwindet 650 Meter Höhenunterschied. Der badische Ingenieur Robert Gerwig schuf zwischen 1865 und 1873 diese einmalige und einmalig schöne Strecke mit Doppelschleifen und 39 Tunneln.
Auf dieser Strecke führt der Verein der Zollernbahn, 1973 gegründet, seine Fahrten durch, die auch auf anderen Strecken in Baden-Württemberg stattfinden. Der Oberschwaben-Bodensee-Express fährt im Januar, ebenso die Fahrten unter dem Motto »Dreikönigsdampf«. Charterfahrten zu verschiedenen Zielen werden durchgeführt.
Zusammen mit der Tourist-Information Triberg werden die Tunnelfahrten auf der Schwarzwaldbahn veranstaltet. Informationen und Reservierungen für die Strecke zwischen Rottweil über Schwenningen, Villingen, St. Georgen nach Triberg gibt es bei der Zollernbahn, von Triberg über Hornberg, Gutach-Freilichtmuseum nach Hausach bei der Tourist-Information. Die Tunnelfahrten finden ab Ostern statt und jeden Sonntag von Mitte Juli bis Ende August und Ende Dezember und zum Triberger Weihnachtszauber.
Vor die Züge der Zollernbahn wird die Dampflok 01 519, 2´C1´ h2, Henschel, 1936 gespannt oder die 52 7596, 1´E h2, WLF Wiener Lokomotivfabrik Floridsdorf, 1944.

EFZ Eisenbahnfreunde Zollernbahn e. V.
Bahnhof 10/1
D-78616 Rottweil
Tel. +49 741/17 47 08 18
kontakt@efz-ev.de
www.eisenbahnfreunde-zollernbahn.de

Tourist-Info Triberg
Wallfahrtsstraße 4
D-78098 Triberg
Tel. +49 7222/86 64 90
tourist-info@triberg.de
www.triberg.de

Blick vom Erlebnispfad auf die Schwarzwaldbahn.

Die 01 519 vor dem Zug auf der Schwarzwaldbahn.

Museumszug Rebenbummler auf der Kaiserstuhlbahn

Dank der Zuschüsse der Weinbaugemeinden und der Riegeler Brauerei konnten 1894 die ersten regelspurigen Teilstrecken der Kaiserstuhlbahn dem Verkehr übergeben werden. Die 26 Kilometer lange Strecke zwischen Riegel und Breisach ist die Stammstrecke des Rebenbummlers. Wegen Bauarbeiten kann eventuell nicht die ganze Strecke befahrbar sein. Die Wagen, zum Teil über 100 Jahre alt, werden von der Dampflok 384, Typ Essen, D h2t, Henschel, 1927, gezogen. Die Lok war schon immer auf der Kaiserstuhlbahn in Betrieb. Wenn die 384 verhindert ist, kommen die historischen MAN-Dieseltriebwagen VT 27 und VT 28 zum Einsatz.
Die Erlebnisfahrten mit dem Rebenbummler finden zum Muttertag statt, an Samstagen im Mai, Juni, September, der Spargelexpress fährt an Sonntagen im Mai und Juni, die Rollende Weinprobe an zwei Sonntagen im September, »Erfrischend spritzig« ist die Fahrt an einem Oktober-Samstag, der »Goldene Herbst« wird mit einer Fahrt an einem Oktober-Sonntag gefeiert. Weitere Fahrten, whisky@smoke on the train sowie bier@blasmusik, veranstaltet werden.

Der historische Dieseltriebwagen als Rebenbummler

Museumszug Rebenbummler
EFB Eisenbahnfreunde Breisgau e. V.
Lorettostraße 24a
D-79100 Freiburg
Tel. +49 7642/68 99 90 (Touristinfo)
info@eisenbahnfreunde-breisgau.de
touristinfo@endingen.de
www.eisenbahnfreunde-breisgau.de

Kandertalbahn

Am 1. Mai 1895 wurde im südlichen Schwarzwald die Kandertalbahn als regelspurige Nebenbahn der Rheintalbahn von Haitingen ins 12,9 Kilometer entfernte Kandern eröffnet. Das »Chanderli« wird der Zug genannt, mit dem auch der Maler August Macke mehrmals nach Kandern zu seiner Schwester fuhr. Im Aquarell »Sonnenuntergang« hat er 1903 den Zug gemalt. Von 1983 bis 1985 wurde der Zugverkehr eingestellt. Am 1. Mai 1986 nahm euroVapor den Museumsbetrieb auf der Strecke auf. Heute wird die Bahn vom Verein Kandertalbahn und dem Zweckverband Kandertalbahn betrieben.
Die Fahrten zwischen Haltingen, Binzen, Rümmingen, Wittlingen, Wollbach, Hammerstein und Kandern werden dreimal an den Fahrtagen durchgeführt – am 1. Mai, an Himmelfahrt und sonntags von Mai bis Oktober.
Vor den historischen Wagen werden Dampfloks gespannt: Lok Nr. 30 »Chanderli«, C n2, Borsig Berlin,

Der Museumszug mit Lok 378.78 auf dem Weg nach Kandern.

Kandertalbahn e. V.
Bahnhofstraße 15
D-79400 Kandern
verein@kandertalbahn.de
Tel. +49 7626/89 91
Zweckverband Kandertalbahn
Waldeckstraße 39
D-79400 Kandern
Tel. +49 7621/1 63 45 53
zweckverband@kandertalbahn.de
www.kandertalbahn.de
info@kandertalbahn.de

1904; E 3/3 8532 »Tigerli«, C n2t, SML Schweizerische Maschinen- und Lokomotivfabrik Winterthur, 1915; 378.78, 1´D1´ h2t, StEG Maschinenfabrik der privilegierten Österreich-Ungarischen Staatsbahngesellschaft Wien, 1927; Lok Nr. 7, B n2t, Borsig Berlin, 1907, wird vielleicht wieder aufgearbeitet. Der Dieseltriebwagen VT 3, Bo, Sächsische Waggonfabrik Werdau, 1928, ist auch auf der Kandertal im Einsatz.

Dreiseenbahn Seebrugg–Titisee

1908 wurde im Hochschwarzwald eine Nebenbahn projektiert, die 1924 fertiggestellt wurde, allerdings ohne die Hochbauten wie Bahnhöfe. 1926 wurde die Bahn, inzwischen als »Ewigkeitsbahn« verspottet, eröffnet. Die 19,2 Kilometer lange Regelspurstrecke, 1435 mm Spurweite, war für den Fremdenverkehr von großer Bedeutung. Den Namen Dreiseenbahn erhielt die Bahn von der Strecke zwischen Titisee, Feldberg-Bärental mit dem höchsten DB-Bahnhof der Regelspur, Altglashütten-Falkau, Aha, Schluchsee bis Seebrugg, unterwegs vorbei am dritten See, dem Windgfällweiher. Der Höhenunterschied zwischen Titisee und Bärental beträgt auf sieben Kilometern 112 Meter. Am Endbahnhof Seebrugg wird zurzeit ein Museumsbahnhof erarbeitet.

Die Dreiseenbahn am Windgfällweiher.

3 Seenbahn gGmbH
IG 3-Seenbahn e. V.

Seebrugg 14
D-79859 Schluchsee
Tel. +49 7651/93 28 49
info@3seenbahn.de
www.3seenbahn.de

Fahrtage mit mehreren Fahrten auf der Dreiseenbahn sind Feiertage und Sonntage ab Mitte Mai, vom 1. Juli bis Mitte September sonntags, 27. - 31. Dezember. Am Wochenende Mitte August wird das große Bahnhofsfest gefeiert. Neben den Dieselloks der Dreiseenbahn, eine Köf von 1961 und eine Henschel-Lok von 1939, kommen Gast-Dampfloks zum Einsatz.

Ausfahrt Schluchsee der Drei-Seenbahn.

Sauschwänzlebahn / Wutachtalbahn

Die Dampflok BB 262 der Sauschwänzlebahn.

Um bei einem neuerlichen Krieg gegen Frankreich schnell Truppen und Kriegsgerät ins Elsass zu bringen, wurde die eingleisige regelspurige Wutachtalbahn erbaut, der erste Abschnitt 1875 eröffnet. Ab 1887 erfolgte der Weiterbau, schließlich war 1890 die 61,7 Kilometer lange Gesamtstrecke vollendet und verband die badische Schwarzwaldbahn bei Hintschingen mit der Hochrheinbahn bei Lauchringen. Der militärische und zivile Nutzen war gering. Von 1962 bis 1965 finanzierte die NATO die Sanierung der Bahn. Die Strecke wurde nicht mehr fahrplanmäßig befahren. Bis 1974 bezahlte das Bundesministerium der Verteidigung jährlich 50.000 DM für den Unterhalt der Strecke. Von 1967 bis 1976 wurde die Strecke von der Bundesbahn abschnittsweise stillgelegt.
1976 wurde ein Verein gegründet, um ab 1977 auf der 25 Kilometer langen Teilstrecke zwischen Zollhaus-Blumberg und Weizen eine Museumsbahn zu betreiben. Anfangs übernahm die euroVapor den Betrieb, 1997 deren Zweigverein Wutachtalbahn e. V, seit 2014 die Bahnbetriebe Blumberg.
Die Fahrten zwischen Blumberg-Zollhaus, Epfenhofen, Wutachblick, Fützen, Grimmelshofen, Lausheim-Blumegg und Weizen durchfahren sechs Tunnel und überqueren vier Viadukte. Weil sich die Gleise wie ein Ringelschwanz durch die Landschaft schlängeln, hat die Bahn ihren Spitznamen erhalten. Lisa heißt das Glücksschwein, das Logo der Bahn.

Sauschwänzlebahn
Bahnbetriebe Blumberg GmbH & Co. KG
Bahnhofstraße 1
D-78176 Blumberg
Tel. +49 7702/5 13 00
info@sauschwaenzlebahn.de
www.sauschwaenzlebahn.de

Fahrtage für mehrere Fahrten sind die Sams- und Sonntage von Ende April bis Ende Oktober, ab Ende Mai auch Donnerstag und Freitag, zusätzlich in den Sommerferien. Dazu gibt es verschiedene Sonderfahrten. An den Betriebstagen kann im ehemaligen Güterschuppen in Blumberg-Zollhaus ein Eisenbahnmuseum besichtigt werden.
Vor den Museumszug wird die Dampflok BB 262, die letzte gebaute Dampflok für eine nichtbundeseigene Eisenbahn gespannt, 1´D2´ h2, Henschel 1956; oder die Diesellok V 36 204, C, BMAG, 1939.

Einer der vier Viadukte der Sauschwänzlesbahn

»Lina« und »Zeug Christe« vor der Wagenhalle vor der Abfahrt zur Mondscheinfahrt.

Trossinger Eisenbahn

Die 4,5 Kilometer lange Strecke in der Regelspur 1435 mm wurde 1898 auf Betreiben des Trossinger Gewerbevereins gebaut, um die Transportprobleme der Mundharmonika-Industrie zu lösen. Der Trossinger Zeugweber Christian Messner, genannt Zeug Christe, hatte 1827 mit der Herstellung von Mundharmonikas begonnen. 1857 begann Mathias Hohner mit der Produktion dieser Musikinstrumente, andere Produzenten folgten.
Die Bahnstrecke zwischen dem württembergischen Rottweil und dem badischen Villingen wurde 1869 eröffnet. An dieser Strecke erhielt Trossingen einen Bahnhof, 4,5 Kilometer vom Ort entfernt. 1893 beschloss der Gemeinderat den Bau einer elektrischen Verbindungsbahn und es wurde die Aktiengesellschaft Elektrizitätswerk und Verbindungsbahn Trossingen gegründet. Das Bahnunternehmen waren die Stadtwerke. Heute ist die HzL Hohenzollerische Landesbahn AG das Unternehmen, das auch auf der Trossinger Eisenbahn zwischen Trossingen Stadt und Trossingen Bahnhof den Verkehr betreibt.
Im September 2004 wurde der Freundeskreis der Trossinger Eisenbahn e. V. gegründet, der die Fahrten mit den historischen Fahrzeugen, die alle von der Trossinger Eisenbahn stammen, durchführt und das Museum im Lokschuppen in der Bahnhofstraße 9 unterhält. Das Museum ist von April bis Oktober an jedem ersten Sonntag im Monat von 13.30 bis 17 Uhr und an den Fahrtagen geöffnet. Die Bewegungsfahrten finden als Mondscheinfahrten an manchen Freitagen von 20 bis 22 Uhr statt, Sonderfahrten im Stundentakt werden anlässlich des Pfingstmarkts im Juni und des Kilbemarkts im September veranstaltet. Andere Sonderfahrten auf Anfrage.
Zu den Fahrzeugen in Betrieb gehören der Triebwagen T1 »Zeug Christe«, 1898 von MAN/AEG gebaut, eine der ältesten betriebsfähigen E-Loks der Welt; Beiwagen B2 »Lias«, MAN, 1898; Lok EL4 »Lina«, AEG, 1902; Schlepptriebwagen T3, »Sonntagswagen«, Maschinenfabrik Esslingen/AEG, 1938; Triebwagen T5, Esslingen/Siemens-Schuckert, 1956.

Die »grüne Garnitur« mit Lok »Lina«, 1898, und Wagen, 1902.

TE Trossinger Eisenbahn
Freundeskreis der Trossinger Eisenbahn e. V.
im Haus der Stadtwerke Trossingen
Christian-Messner-Straße 2-6
D-78647 Trossingen
Tel. +49 7425/3 38 69 16
info@trossinger-eisenbahn.de
www.trossinger-eisenbahn.de

Rhön-Zügle

Die regelspurige Lokalbahnstrecke Mellrichstadt-Fladungen wurde 1898 eröffnet. 1976 erfolgte die Einstellung des Personenzug-, 1987 des Güterzugverkehrs. 1969 wurde der Teilabschnitt Ostheim v. d. Rhön–Fladungen als Museumsbahn des Fränkischen Freilandmuseums Fladungen wiedereröffnet. Das Museum ist vom 1. April bis Anfang November täglich 9 bis 18 Uhr geöffnet, im April und Oktober ist montags Ruhetag. Die Eisenbahnfreunde Untermain e. V. führten die Dampflokfahrten mit Lok »Alfred«, B n2t, Hohenzollern, 1903, durch. Diese Lok hatte 2014 ihren vorläufig letzten Einsatz.
1998 wurde die Lok 98 886, bayer. GtL 4/4, D h2t, Krauss, 1924, von ihrem Denkmalsockel in Schweinfurt geholt und in Meiningen wieder betriebsfähig aufgearbeitet. Die zweite Dampflok im Einsatz ist die 89 7373, preuß. T 3, C n2t, Hohenzollern, 1901. Für die Dieselfahrten steht die Gmeinder-Lok 332 066-0, Köf III, 1964, zur Verfügung. Die Gmeinder-Kleinlok 323 760-9, Köf II, 1960, wird vor allem als Rangierlok benutzt.
Im Jahr 2000 wurde die 18,35 Kilometer lange Gesamtstrecke zwischen Fladungen über Nordheim v. d. Rhön, Ostheim v. d. Rhön, Stockheim nach Mellrichstadt in Betrieb genommen. Die Eisenbahnfreunde Untermain heißen nun Rhön-Zügle e. V.
Fahrtage für die Dampf- oder Dieselzüge sind ab Ostern Sonntage im Mai und Juni, der 1. Mai, Pfingsten, Sonntage von Juli bis November. Die Züge fahren dann dreimal hin und zurück.

Das Rhön-Zügle auf Dieselfahrt.

Rhön-Zügle e. V.
Fränkisches Freilandmuseum Fladungen
Bahnhofstraße 19
D-97650 Fladungen
Tel. +49 9778/9 12 30
info@freilandmuseum-fladungen.de
www.freilandmuseum-fladungen.de

Mainschleifenbahn Seligenstadt–Volkach

MSB Mainschleifenbahn
Förderverein Mainschleifenbahn e. V.
Industriestraße 3
D-97334 Volkach
Tel. +49 1520/2 48 21 25 und
Verkehrsamt +49 9381/4 01 12
info@mainschleifenbahn.de
www.mainschleifenbahn.de

Die Mainschleifenbahn, eine Nebenbahn in der Regelspur 1435 mm von Seligenstadt bei Würzburg nach Volkach, ist 9,75 Kilometer lang, wurde 1909 eröffnet. Bis 1968 diente sie dem Personen-, bis 1991 dem Güterverkehr, 1994 erfolgte die Stilllegung. In diesem Jahr wurde die IGM Interessengemeinschaft Mainschleifenbahn gegründet, daraus entstand 1999 der Förderverein Mainschleifenbahn, der 2001 die BGM Betriebsgesellschaft Mainschleifenbahn gründete. Diese erwarb die Strecke von der DB und nahm mit einem Leih-Schienenbus den Betrieb einer Museumsbahn auf. Die Fahrten führen von Seligenstadt Mainschleifenbahn über Prosselsheim, Eisenheim, Eschendorf-Vogelsburg nach Volkach-Astheim viermal und zurück an den Fahrtagen, das sind jeder Sonntag und gesetzlicher bayerischer Feiertag vom 1. Mai bis Mitte Oktober, jeder Samstag von Mitte September bis Mitte Oktober, zusätzlich zum Volkacher Weinfest am Wochenende Mitte August.
2004 konnte ein eigener Schienenbus gekauft werden. Der VT 796 702 ist ein Uerdinger Schienenbus von 1960, dazu ein Steuerwagen VS 996 726 von

Der Zug der Mainschleifenbahn am Haltepunkt Astheim.

Der Schienenbus über dem Main.

MAN, 1960; vorhanden sind Arbeitsfahrzeuge wie ein Skl (Schwerkleinwagen) von der Waggon Union, 1981; ein Zweiwegebagger (Zweiwegefahrzeuge können auf der Straße und auf der Schiene fahren) von O&K, 1990; ein Zweiwege-Unimog von Daimler Benz, Gaggenau, 1971.

Eisenbahnmuseum Würzburg

Das ist kein Museum im herkömmlichen Sinn, obwohl es auf dem Vereinsgelände des Güterbahnhofs Würzburg-Zell mit seiner Wagenwerkstatt und einer Wagenhalle viel zu sehen gibt. Die Aufgabe des Würzburger Museums besteht darin, einen Museumszug zu betreiben und die notwendigen Arbeiten in den Anlagen durchzuführen. Aus der örtlichen BSW-Gruppe des Bahn-Sozialwerks entstand in den 1980er Jahren der Standort Würzburg der DGEG Deutsche Gesellschaft für Eisenbahngeschichte e. V.

Eisenbahnmuseum Würzburg
DGEG Standort Würzburg
Veitshöchheimer Straße 107 b
D-97080 Würzburg
Tel. +49 9352/60 46 14
info.wuerzburg@dgeg.de
www.bw-wuerzburg.de

1984 konnte die Dampflok 52 7409, 1´E h2, Lokomotivfabrik Wien Floridsdorf, 1943, erworben werden. Es ist eine Lok, die typisch war für die Eisenbahn in Franken und den Namen »Stadt Würzburg« erhielt. Eine typische Würzburger Lok ist auch die Diesellok V 100 1200. Zudem besitzt der Verein einige Klein-Diesellocks zum Rangieren.

Der Museumszug setzt sich aus Wagen von den 1920er bis 1970er Jahren zusammen. Mit Dampf- oder Dieselantrieb geht der Zug auf vielerlei Sonder- und Charterfahrten.

Vor den historischen Wagen die Diesellok V 100 1200.

Wanderbahn im Regental

Die private Lokalbahn Gotteszell-Viechtach, Regelspur 1435 mm, wurde 1890 eröffnet, 1928 nach Norden verlängert auf fast 40 Kilometer. 1991 musste der Betrieb der Regentalbahn AG eingestellt werden, die 24,8 Kilometer lange Strecke zwischen Gotteszell und Viechtach bei Regensburg durch das Tal des Schwarzen Regen blieb erhalten. 1991 gründete sich die Interessengemeinschaft Schienenverkehr Niederbayern e. V., der heutige Verein Wanderbahn im Regental, und nahm den Schienenverkehr wieder auf. Zunächst mit einer Diesellok, heute mit einer Esslinger Dieseltriebwagengarnitur bestehend aus VT 07, Baujahr 1952, und dem Steuerwagen VS 28, Baujahr 1956.
Die Fahrten von Viechtach führen über Schnitzmühle, Gstadt, Nußberg-Schönau, Gumpenried-Asbach, Böbrach, Teisnach, Patersdorf, Ruhmannsfelden nach Gotteszell. Fahrtage sind Sonntage in den Monaten April bis Oktober und Nikolausfahrten im Dezember. In den Zügen nach Gotteszell kredenzt die Hausbrennerei Penninger Kostproben ihrer Bärwurz- und anderer Schnäpse.

WiR Wanderbahn in Regental e. V.
Postfach 13 29
D-82194 Gröbenzell
Tel. +49 170/2 42 50 13
info@wanderbahn.de
www.wanderbahn.de

Der Zug der Wanderbahn im 64 Meter langen Böbracher Tunnel.

Die Wanderbahn am Ufer der Schwarzen Regen.

Deutsches Dampflokomotiv Museum Neuenmarkt

Als im Oktober 1977 die Ära der Dampflokomotiven bei der Bundesbahn endete, wurde das private Museum in Neuenmarkt gegründet, das heute von einem Zweckverband betrieben wird. Im ehemaligen Bw Neuenmarkt-Wirsberg ist auf etwa 100.000 Quadratmetern, im Depot und im 15-ständigen Ringlokschuppen mit seiner Drehscheibe die vielfältige Welt der Eisenbahn zu erleben. Dampfloks der Baureihen 01, 03, 10, 18, 23, 38. 39, 44, 50, 52, 64, 75, 78, 80, 86, 89, 93, 94, 95, 98 sind zu sehen. Das Museum ist im Sommer Mitte März bis 1. November Dienstag bis Sonntag 10 bis 17 Uhr, im Winter 2. November bis Mitte März Dienstag bis Sonntag 10 bis 15 Uhr geöffnet; geschlossen ist es am 24./25. und 31. Dezember, an Neujahr und am Faschingsdienstag; in den bayerischen Herbst- und Weihnachtsferien ist es wie im Sommer geöffnet.
Das Programm des Museums bietet Ausstellungen, Seminare und Feste. Auf dem Gelände gibt es Rundfahrten mit der Lok 89 6024, C n2, 1914 bei Henschel gebaut.
Bei den Pfingst-Dampftagen werden Pendelfahrten mit einer Gastlok auf der Schiefen Ebene veranstaltet. Diese Steilstrecke der Regelspur zwischen Neuenmarkt-Wirsberg und Marktschorgast wurde von 1844 bis 1848 gebaut, ist ein Abschnitt der Ludwig-Süd-Nord-Bahn. Auf 6,8 Kilometern mit einer Steigung von bis 25 Prozent werden 157,7 Höhenmeter überwunden.

Rundfahrt auf dem Gelände des DDM mit Lok 89 6024.

DDM Deutsches Dampflokomotiv Museum
Birkenstraße 5
D-95339 Neuenmarkt
Tel. +49 9227/57 00
info@dampflokmuseum.de
www.dampflokmuseum.de

Dampfbahn Fränkische Schweiz

1891 wurde das erste Teilstück der Nebenbahn nach Ebermannstadt eröffnet, bis 1930 dauerte die Fertigstellung der Bahn, die von 1968 bis 1976 stillgelegt wurde. Schon 1974 wurde der Verein zur Erhaltung der Bahn gegründet. Die Fahrten auf der 16 Kilometer langen Museumsbahn mit zehn Brücken von Ebermannstadt über Gasseldorf, Streitberg, Muggendorf, Burggaillenreuth und Gößweinstein nach Behringersmühle finden an den Fahrtagen dreimal hin und zurück statt. Die Saison beginnt am 1. Mai mit Dampffahrten, am ersten Mai-Sonntag fahren Dieselzüge, dann wechseln die Triebfahrzeuge zwischen Dampf und Diesel an den Sonntagen bis Ende Oktober. Fahrten gibt es auch an Himmelfahrt und Pfingsten und Nikolausfahrten im Dezember. Zu verschiedenen Terminen werden Sonderfahrten veranstaltet »Frühstück in der Dampfbahn« und »Rollende Bierprobe«. Am Sonntag Mitte Juli wird das Bahnhofsfest gefeiert.
Von den Lokomotiven sind einige in der Aufarbeitung oder in der Hauptuntersuchung. Zur Zeit betriebsfähig sind Lok 4, B h2t, BMAG, 1954; Lok 5, Diesel B-dh, Deutz, 1954; Lok 6, V 36 235, C-dh, Jung, 1939; Lok 7, V 36 123, C-dh, BMAG, 1940; Lok 8 ist die Dampflok 64 491, 1´C1´ h2t, O&K, 1940, zur Zeit in der Hauptuntersuchung aber bald wieder im Einsatz.

Lok 4 vom Typ ELNA 6 aus dem Jahr 1930.

DFS Dampfbahn Fränkische Schweiz e. V.
Bahnhof Ebermannstadt
Bahnhofplatz 1
D-91320 Ebermannstadt
Tel. +49 9194/72 51 75
service@dampfbahn.net
www.dampfbahn.net

Fränkische Museums-Eisenbahn Nürnberg

Aus dem Arbeitskreis Fränkischer Eisenbahnfreunde von 1984 entstand ein Jahr später der Verein, der 1993 die betriebsfähige Dampflok 52 8195, 1´E h2, Borsig, 1943, rekonstruiert 1967 im Raw Stendal erwarb. 1993 kaufte der Verein auch die Diesellok V 60 1101, B´B´, Krauss-Maffei, 1953. Andere Dieselloks und verschiedene Wagen kamen hinzu. Sein Domizil hatte der Verein im Bahnhof Nürnberg Nordost gefunden. Von hier starten die Fahrten wie im Juni der Dampfsonderzug zum BEM Nördlingen und der Dampfsonderzug nach Füssen unter dem Motto »Auf den Spuren König Ludwigs«. Eine Juli-Fahrt geht mit Volldampf rund um Nürnberg und durch den Rangierbahnhof. Auch Fahrten nach Dresden und Böhmen, Weinfahrten und Nikolausfahrten stehen auf dem Fahrplan.

FME Fränkische Museums-Eisenbahn Nürnberg e. V.
Bahnhof Nürnberg Nordost
Klingenhofstraße 70
D-90411 Nürnberg
Tel. +49 9127/90 22 28
info@fme-ev.de
www.fraenkische-museumseisenbahn.de

Bayerisches Eisenbahnmuseum München und Nördlingen

Schon 1849 entstand in Nördlingen mit dem Bau der Ludwigs-Süd-Nord-Bahn eine Werkstätte für die Instandhaltung von Lokomotiven und Wagen. Es entstand ein Bw mit Ringlokschuppen und allen Bauten und Anlagen, das bis 1937 stetig erweitert wurde. 1982 schließlich wurde das Bw als eigenständige Dienststelle geschlossen, die Bauten wurden teilweise demontiert. 1985 übernahm der Verein Bayerisches Eisenbahnmuseum das ehemalige Bw und baute es wieder auf. Und sammelte eine Vielzahl von Exponaten, darunter viele Lokomotiven. Von den betriebsfähigen Dampfloks seien erwähnt die 01 066 und 01 180, 2´C1´ h2, Baujahre 1928 und 1936; 18 478, S 3/6, 2´C1´ hv4, 1918, diese Bauart ist die »Königin der Dampflokomotiven«, zur Zeit in Aufarbeitung; 41 1150, 1´D1´ h2, 1939; 44 546, 1´E h3, 1941; 50 0072 (50 3502), 1´E h2, 1939, und die älteste Regelspur-Dampflok in Deutschland, die »Füssen«, C n2t, Krauss, 1889.
Das Museum ist geöffnet März bis April Sams-, Sonn- und Feiertag 10 bis 17 Uhr, Mai bis September Dienstag bis Freitag 12 bis 16 Uhr, Sams-, Sonn- und Feiertag 10 bis 17 Uhr, Oktober Sams-, Sonn- und Feiertag 10 bis 17 Uhr. Die Veranstaltungen im Museum sind

Rekolok 50 0072-4, früher 50 481, Baujahr 1940, bringt den Seenland-Express von Nördlingen nach Gunzenhausen.

Die 18 478, eine S 3/6, Königin der Dampflokomotiven.

vielfältig, vom Dreikönigstag über Ostern und das ganze Jahr mit Dampf- und Erlebnistagen ist für das große Eisenbahnvergnügen gesorgt.
Die Fahrten mit den Museumszügen finden als Seenland-Express auf der 39,5 Kilometer langen Strecke Nördlingen–Wassertrüdingen–Gunzenhausen statt.

BEM Bayerisches Eisenbahnmuseum München und Nördlingen e. V.

Am Hohen Weg 6a
D-86720 Nördlingen
Tel. +49 9081/2 43 09
info@bayerisches-eisenbahnmuseum.de
www.bayerisches-eisenbahnmuseum.de

Auf der etwa 14 Kilometer langen Strecke der Pfettrachtalbahn zwischen Landshut und Neuhausen fahren die Museumszüge des Eisenbahnmuseums. Auch die Züge auf der »Romantischen Schiene« zwischen Nördlingen, Dinkelsbühl und Feuchtwangen, 43 Kilometer lang, bieten außergewöhnliche Erlebnisse. Der Dampfzug »Rund um München« fährt um die bayerische Landeshauptstadt herum – auch als Nikolauszug. Das ganze Jahr über fahren Museumszüge auf ausgewählten Strecken von Franken bis nach Salzburg.

Tegernsee-Bahn

Um die Orte am Tegernsee an das Schienennetz der Staatsbahn anzuschließen, wurde 1883 die 7,7 Kilometer langer Regelstrecke Schaftlach–Gmund in Betrieb genommen. Erst 1902 wurde das zweite Teilstück bis Tegernsee eröffnet; die Bahn hatte nun eine Länge von 12,3 Kilometern. 1955 stellte die TAG Tegernsee-Bahn AG die erste Diesellok in Dienst. 1969 wurde die Dampflok TAG 6 abgestellt. Dampflok TAG 7 wurde 1975 außer Dienst gestellt. In diesem Jahr wurde der Bayerische Localbahn Verein gegründet. Zunächst wurde auch die TAG 7,1´D1´ h2t, Krauss-Maffei, 1936, auf der Tegernsee-Bahn eingesetzt. Inzwischen sind die Aktivitäten des Vereins in das Bw Landshut verlegt worden. Von hier und von München werden Sonderfahrten veranstaltet – auch nach Bayerisch Eisenstein, wo der Verein ein Localbahnmuseum betreibt.

Tegernsee-Bahn Betriebsgesellschaft mbH

Bahnhofplatz 5
D-83684 Tegernsee
Info-Tel. +49 172/8 33 05 28
kontakt@tegernsee-bahn.de
www.tegernsee-bahn.de

Laabertalbahn/Lokalbahn Schierling–Langquaid

Die 10,3 Kilometer lange Bahn in der Regelspur 1435 mm im Landkreis Regensburg wurde 1903 eröffnet. 1968 wurde der Personen-, 1999 der Güterverkehr eingestellt. Seit 2001 wird von der Rhein-Sieg-Bahn der Güterverkehr wieder durchgeführt. Die Interessengemeinschaft Lokalbahn Schierling–Langquaid, eine Vereinigung von Eisenbahnfreunden und Eisenbahnern, setzt sich seit zwei Jahrzehnten für den Erhalt der Nebenbahn ein. Neben dem Güterverkehr sind die Sonderfahrten mit Personenverkehr sehr beliebt. An den Fahrtagen, einzelne Sonntage in den Monaten April, Mai, Juli, September und am ersten Dezember-Sonn-

Die Jung-Lok noch mit der Bundeswehr-Beschriftung.

tag verkehren die Züge mehrmals zwischen Eggmühl über Schierling nach Langquaid und zurück.
Die Lok V 1, Diesellok MV 9 von Orenstein & Koppel stammt aus dem Baujahr 1959, die Diesellok Typ HR 42-C von Jung ist Baujahr 1956 und war bei der Bundeswehr im Einsatz. Diese Loks ziehen den Personenwagen VB 11, einen Schienenbusbeiwagen von Auwärter, 1963 gebaut. Wegen der Sanierung der Strecke finden voraussichtlich auch 2026 keine Fahrten mit dem »Bockerl« statt.

Laabertalbahn
Lokalbahn Schierling-Langquaid
Am Bahnhof 5
D-84085 Langquaid
Tel. +49 9452/94 97 07
info@laabertalbahn.de
www.laabertalbahn.de

Passauer Eisenbahn

PEF Passauer Eisenbahnfreunde e. V.
Haitzinger Straße 12
D-94032 Passau
Tel. +49 851/75 63 87 85
pef@passauer-eisenbahn.de
www.passauer-eisenbahn.de

Die Passauer Eisenbahnfreunde, ein 1978 gegründeter Verein, hat sich vielfältige Aufgaben gestellt. Die Sammlung der Fahrzeuge im ehemaligen Bw Passau beträgt zurzeit 21 verschiedene Exemplare. Rangieraufgaben und Übergabefahrten werden für die DB, die ÖBB und andere Unternehmen durchgeführt. Für Reisezüge werden Wagen und Lokomotiven gechartert. Die Sonderfahrten führen zum Beispiel nach Österreich oder Heidelberg. Mit der eigenen dreiteiligen Uerdinger Schienenbusgarnitur der Spurweite 1435 mm mit den Wagen 798/998 werden Fahrten auf verschiedenen Strecken in Deutschland, Österreich und Tschechien durchgeführt, auch auf Bestellungen. Auf der Ilztalbahn zwischen Passau und Freyung fährt der historische Schienenbus am 1. Mai, an Christi Himmelfahrt, am 3. Oktober und als Nikolauszug.

Der komplette Schienenbus in Franzensbad, Tschechien.

Bahnpark Augsburg Ammersee-Dampfbahn Augsburger Localbahn

Bahnpark Augsburg gGmbH
Firnhaberstraße 22c
D-86159 Augsburg
Tel. +49 821/4 50 44 71 00
service@bahnpark-augsburg.de
www.bahnpark-augsburg.de
www.ammersee-dampfbahn.de

Der Bahnpark ist eine Technik-Landschaft mit dem kompletten Bw Augsburg, das mit seinen Bauten und Anlagen, seit 1906 entstanden, unter Denkmalschutz steht. Der Bahnpark ist ein Projekt zur Entwicklung eines Kultur-, Bildungs- und Museumszentrums. In der Dampflok-Werkstatt aus den 1920er Jahren werden heute Lokomotiven repariert und gepflegt. Das große Museum befindet sich noch im Aufbau.
Vom Bahnpark fahren viele Nostalgiezüge ab. Neben Sonder- und Charterfahrten, bei denen die Dampflok 41 018 von der Dampflok-Gesellschaft München (siehe Seite 118) zum Einsatz kommt, ist die Ammersee-Dampfbahn bemerkenswert. Pfingsten sonntags, Im Juli, Augsut geht es je zweimal auf die 65,2 Kilometer lange Regelstrecke ab Augsburg Bahnpark über Augsburg Hbf., Augsburg-Hochzoll, Kissing, Mering, Geltendorf, Schondorf nach Utting am Ammersee und zurück. Vor den Zug ist die Dampflok 01 150 gespannt, 2´C1´ h2, Henschel, 1935, vom DB Museum Nürnberg.
Vom Bahnsteig in Utting sind es nur wenige Schritte zur Anlegestelle der Schaufelrad-Dampfer der Ammersee-Schifffahrt. Der Raddampfer »Diessen« wurde 1908 bei Maffei gebaut, der Raddampfer »Herrsching« 2002 auf der Luxwerft in Mondorf. Die Augsburger Localbahn wurde 1892 als Ringbahn eröffnet, um die Fabriken und Manufakturen der Stadt mit den Schienen der Königlich Bayerischen Staatseisenbahen zu verbinden. Ein historischer Schienenbus, Bo, aus den 1960er Jahren ist bei den Augsburger Localbahn-Rundfahrten im Einsatz.

Lok 41 018 von der Dampflok-Gesellschaft München ist im Einsatz für Sonderfahrten.

Blick in den Augsburger Lokschuppen.

Dampflok-Gesellschaft München

Die Interessengemeinschaft 41 018 e. V. wurde mit dem Erwerb dieser Lokomotive 1976 gegründet. Daraus entstand die Dampflok-Gesellschaft. Die Lok 41 018 (042 018-2), 1´D1´ h2, 1939 bei Henschel gebaut, ist die älteste erhaltene Lok dieser Baureihe. 1983 erwarb die Gesellschaft die 41 364, bei Jung gebaut, die jüngste erhaltene Lok dieser Baureihe. Seit 2003 ist im Besitz der Gesellschaft 44 606, 1´E h3, bei Krupp 1941 gebaut, die einst auch den Luxuszug »Rheingold« gezogen hat. Die Köf 6311, Gmeinder, 1958, ist im Bahnpark Augsburg (Seite 117) im Rangiereinsatz. In Augsburg sind zwei Loks der Gesellschaft hinterstellt. Die 41 018 ist betriebsfähig und geht von Augsburg aus auf Fahrt. Diese Dampflokfahrten werden durchgeführt von den Eisenbahn-Nostalgiefahrten Bebra e. V., der GES Gesellschaft zur Erhaltung von Schienenfahrzeugen Stuttgart e. V., UEF Ulmer Eisenbahnfreunde, und vor dem UEF Historischen Dampfschnellzug wird auch die 41 018 gespannt.

Die tüchtige 41 018 im Einsatz.

DGM Dampflok-Gesellschaft München e. V.
Illungshofstraße 2
D-80807 München
Tel. +49 176/80 24 10 18
kontakt@dgm-41018.de
www.dgm-41018.de

Chiemgauer Lokalbahn

Chiemgauer Lokalbahn
An der Bahn 2
D-83119 Obing
Tel. +49 170/5 52 12 47
info@chiemgauer-lokalbahn.com
info@leo-online.org
www.chiemgauer-lokalbahn.com

Im Oktober 1908 wurde die Chiemgauer Lokalbahn eröffnet, die liebevoll »Leo« genannt wird – nach den Anfangsbuchstaben von Lokalbahn Endorf-Obing. 1968 wurde der Personen-, 1996 der Güterverkehr eingestellt. 2002 gründete sich der Verein Chiemgauer Lokalbahn, um die Strecke und den Betrieb zu retten. Die Museumszüge sind seit Juli 2006 in Fahrt auf der 18,3 Kilometer langen Regelspurstrecke von Bad Endorf über Halfing, Amerang, Aindorf, Pittenhart nach Obing, viermal hin und zurück. Fahrtage unter dem Motto »Nostalgie Zug um Zug« sind die Sonn- und Feiertage vom 1. Mai bis Ende September, zusätzlich gibt es Nikolausfahrten.

Triebfahrzeuge im Einsatz sind der Triebwagen der Art VT 26, (in Reparatur) MAN, 1962; Köf II 323 699, Jung, 1959; Skl 53 208, Waggon-Union, 1971.

VT 26 überquert das denkmalgeschützte Viadukt über das Todtmannstal.

Chiemsee-Bahn

Nach dem Tod des Märchenkönigs Ludwig II. im Jahr 1886 gab sein Nachfolger, Prinzregent Luitpold, das noch nicht vollendete Schloss Herrenchiemsee auf einer Insel im See zur Besichtigung frei. Die Touristenströme benutzten Pferdekutschen, um vom Bahnhof Prien zur Schiffsanlegestelle in Prien/Stock zu gelangen. Der Reeder Ludwig Feßler und Georg Krauss von der Lokomotivfabrik Krauss & Comp. in München beantragten den Bau einer Schmalspurbahn vom Bahnhof zum Hafen. Schon am 9. Juli 1887 konnte die 1,9 Kilometer lange Bahn, Spurweite 1000 mm, eröffnet werden. Bis 1966 diente die Chiemsee-Bahn auch dem Gütertransport, so wurde Kohle für die Dampfschiffe und das Schloss befördert. 1965 wurde die Chiemsee-Bahn Feßler & Comp. in die Chiemsee-Schifffahrt eingegliedert.
Die Chiemsee-Bahn bringt die Ausflügler zur Anlegestelle des Dampfers »Ludwig Feßler«, Baujahr 1926.
In der Sommersaison Mai bis September fährt die Bahn neunmal täglich, sonst an Sams-, Sonn- und Feiertagen. Lok Nr. 1 ist die Dampflok »Laura«, B n2t, Krauss & Comp., 1887. Lok Nr. 2 ist die Diesellok »Lisa«, B-dh, Deutz, 1962, seit 1982 bei der Chiemsee-Bahn.

Chiemsee-Bahn
Chiemsee-Schifffahrt Ludwig Feßler KG
Seestraße 108
D-83209 Prien am Chiemsee
Tel. +49 8051/60 90
info@chiemsee-schifffahrt.de
www.chiemsee-schifffahrt.de

Die Chiemsee-Bahn mit der Dampflok »Laura«.

Torfbahn Rottau

Das Bayerische Moor- und Torfmuseum Rottau in der Zimmerei der ehemaligen JVA zeigt auch spektakuläre Exponate wie einen keltischen Bohlenweg und Rosalinde, eine 500 bis 600 Jahre alte Moorleiche. Der Torfbahnhof wurde 1920 als Torfverladestation errichtet und bis 1988 genutzt. Seit der Entstehung der Strafanstalt Bernau 1920 wurden die Gefangenen täglich zum Arbeiten ins Moor gefahren. Die Feldbahn mit Spurweite 880 mm fuhr zunächst zum zwei Kilometer entfernten Torfbahnhof und weitere zwei Kilometer in das Hochmoor Kendlmühlfilzen. Die Gesamtstrecke der Bahn betrug 30 Kilometer.
Geführte Besichtigungen durch Museum und Torfbahnhof finden jeden Samstag von Mai bis Oktober um 11, 14 und 16 Uhr statt, zusätzlich Juli bis September jeden Sonntag und Mittwoch zur gleichen Zeit. Anschließend an die Führungen erfolgt eine Fahrt mit der Torfbahn, die ungefähr 15 Minuten dauert.
Die betriebsbereiten Loks sind die Diesellok »Emma«, B-dm, Diema, 1963; die Diesellok »Molly«, B-dm, Diema, 1945; der Schienenkuli »Struver« als Leihgabe.

Torfbahn Rottau
Museumsverein Torfbahnhof Rottau e. V.
Hackenstraße (am Ende)
D-83224 Rottau
Tel. +49 8051/9637064
mail@torfbahnhof-rottau.de
www.museum-torfbahnhof.de

Lok »Molly« mit Besucherwagen vor dem Torfbahnhof.

Wachtl-Express Kiefersfelden–Wachtl (Tirol)

Der Zug von Bayern nach Tirol ist eine internationale Zugverbindung. Die 5,1 Kilometer lange Strecke der Spurweite 900 mm brachte den Kalkstein von Wachtl zum Zementwerk nach Kiefersfelden. Nach der Einstellung des Güterverkehrs übernahm der Verein der Museums-Eisenbahn-Gesellschaft 1991 den touristischen Personenverkehr. Die E-Loks 4 und 5, Krokodile von BBC, Bo´Bo´, 1927, 1928, zogen die Züge an den Sams- und Sonntagen Juni bis September, jetzt jeden Samstag, 10–12 Uhr.

Der Wachtl-Express überquert den Kieferbach.

Wachtl-Express
MEG Museums-Eisenbahn-Gesellschaft Wachtl e. V.
Feldweg 8
D-83088 Kiefersfelden
Tel. +49 8033/3 03 00 30
wachtlbahn@web.de

Zurzeit ist die Strecke nicht befahrbar, müsste saniert werden. Die Einstellung des Verkehrs und der Abbruch der Gleise stehen zu befürchten. Aber zur Rettung der Wachtl-Bahn, auch KGB Kieferer Grenzbahn genannt, engagieren sich der Verein, Lokalpolitiker und Eisenbahnfreunde.

Rügensche BäderBahn Rasender Roland

Zwischen 1895 und 1899 entstand auf der Insel Rügen ein weitverzweigtes Kleinbahnnetz mit der Spurweite 750 mm. 1918 hatten die Strecken der RüKB Rügensche Kleinbahnen AG eine Ausdehnung von fast 100 Kilometern. Die militärischen Strecken wurden nach dem Ersten Weltkrieg eingestellt. Die 24,1 Kilometer lange Bäderstrecke Putbus–Göhren schließlich erwies sich als beständig und wird seit 1895 liebevoll und ironisch »Rasender Roland« wegen seiner Geschwindigkeit von 30 km/h genannt. Nach einer bewegten Firmengeschichte betreibt seit Anfang 2008 die PRESS Eisen-

Der Rasende Roland im Bahnhof Putbus.

bahn-Bau- und Betriebsgesellschaft Preßnitztalbahn mbH aus Jöhstadt in Sachsen (siehe Seite 42) die traditionsreiche Rügensche Bäderbahn im Rahmen des ÖPNV.

In der Hauptsaison Ende Mai bis 3. Oktober fahren täglich ein Dutzend Züge zwischen Lauterbach Mole, Putbus, Beuchow, Posewald, Seelvitz, Serams, Binz, Jagdschloß, Granitz, Sellin West, Sellin Ost, Baabe, Philippshagen und Göhre. Jeder zweite Zug fährt ab und bis Binz. Zwischen 8 und 21 Uhr fahren die Züge im 2-Stunden-Takt, im Sommer jede Stunde. Zum Jahreswechsel fahren einige Züge weniger, in der Nebensaison vom 4. Oktober bis Ende Mai verkehren täglich sechs Züge. Die nostalgischen Reisewagen werden von historischen Dampfloks gezogen. Die Lokliste umfasst Lok 99 4632-8, D h2t, Vulcan Stettin, 1914; 99 4633-6, D h2t, Vulcan, 1925; 99 4011-5, D h2t, O&K, 1931, aus Mansfeld; 99 4801-9 und 99 4802-7, 1´D h2t, Henschel 1938; 98 1781-6, 99 1782, 99 1784-0, 1´E1´ h2t, LKM, 1953.

Rügensche BäderBahn Rasender Roland
Bahnhofstraße 14
D-18581 Putbus
Tel. +49 38301/88 40 12
ruegen@pressnitztalbahn.com
www.ruegensche-baederbahn.de

Der Rasende Roland mit Lok 99 4802-7 auf dem Weg nach Putbus.

Der Rasende Roland macht Dampf auf Rügen.

Mecklenburgische Bäderbahn Molli

Im Juni 1886 wurde die Konzession zum Bau und Betrieb einer Schmalspurbahn von Bad Doberan nach Heiligendamm erteilt. Auf der Spurweite 900 mm wurde schon wenig später das erste Teilstück in Betrieb genommen. 1910 erfolgte die Verlängerung der Strecke bis Arendsee (heute Kühlungsborn West) und beträgt seitdem 15 Kilometer. 1920 übernahm die Deutsche Reichsbahn die Bäderbahn von der DHE Doberan-Heiligendammer Eisenbahn. 1994 wurde sie Bestandteil der Deutschen Bahn AG. Seit 1995 betreibt die Mecklenburgische Bäderbahn Molli GmbH die Schmalspureisenbahn.

Der Molli verkehrt täglich mehrmals zwischen Bad Doberan und Kühlungsborn West mit insgesamt neun Stationen. Im Sommer wird die Strecke im Stundentakt bedient, während des Winterfahrplans im Zweistundentakt. Von April bis Oktober kann man die Fahrt auch im gemütlichen Salonwagen mit gastronomischem Angebot genießen. Außerdem lockt der Molli mit spannenden Sonderfahrten und Veranstaltungen. Anfang Juni wird am Bahnhof Kühlungsborn West zum Beispiel das Kinderfest gefeiert. Im Juli und August gibt es Sonderzüge mit Werkstattbesichtigungen, Raubüberfällen mit den dänischen Gaunern der Olsenbande. Weitere Höhepunkte sind das Bahnhofsfest, der Braumeisterzug und die Nikolausfahrt.

Vor den Molli-Zug werden Dampflokomotiven gespannt, betriebsbereit sind 99 321, 99 322, 99 323, alle 1´D1´ h2t, bei Orenstein & Koppel 1932 gebaut; 99 324, im Dampflokwerk Meiningen 2009 neu gefertigt; 99 331, D n2t, beim Lokomotivbau Karl Marx Babelsberg 1951 gebaut. In Kühlungsborn West ist ein Molli-Museum während der Öffnungszeiten des Museumcafés zu besichtigen – im Sommerfahrplan von 9 bis 18 Uhr, im Winterfahrplan 11 bis 16.30 Uhr.

Mecklenburgische Bäderbahn Molli GmbH

Fritz-Reuter-Straße 1
D-18225 Kühlungsborn
Tel. +49 38293/43 13 31
reservierung@molli-bahn.de
www.molli-bahn.de

Molli mit Lok 99 322 an der Haltestelle Goethestraße in Bad Doberan.

Molli mit Lok 99 322 an der Steilküste.

Zittauer Schmalspurbahn

Die feierliche Eröffnung der einzigen privaten Schmalspurbahn, Spurweite 750 mm, fand am 24. November 1890 statt. Die Abkürzung des Namens Zittau-Oybin-Jonsdorf Eisenbahn ZOJE wurde im Volksmund zu »Zug ohne jede Eile«. Die Königlich Sächsischen Staatseisenbahnen übernahmen 1906 die Bahn.
Zwischen 1968 und 1993 erfolgte die Einstellung des Güterverkehrs. 1996 übertrug die Deutsche Bahn AG die Betriebsführung an SOEG Sächsisch-Oberlausitzer Eisenbahngesellschaft mbH. Auf den 16 Kilometer langen Strecken von Zittau nach Bertsdorf, von Bertsdorf nach Kurort Jonsdorf und Bertsdorf nach Kurort Oybin verkehren mehrmals täglich die Züge. Von Anfang November bis Ende März gilt ein eingeschränkter Fahrplan für die Nebensaison.
Eine Vielzahl von Wagen und Lokomotiven sind im Einsatz. Von den Loks sind die betriebsfähigen Dampfloks genannt, alle 1´E1´ h2t: 99 731, Sächsische Maschinenfabrik Chemnitz, 1928; 99 749, BMAG, 1929; 99 758, BMAG, 1933; 99 760, BMAG, 1933. betriebsbereite Dieselfahrzeuge sind der VT 137 322, Bautzen, 1938; 199 018, Lokomotivwerk 23. August Bukarest, 1973.

Zittauer Schmalspurbahn
SOEG Sächsisch-Oberlausitzer Eisenbahn-GmbH
Bahnhofstraße 41
D-02763 Zittau
Tel. +49 3583/54 05 40
info@zittauer-schmalspurbahn.de
www.zittauer-schmalspurbahn.de

99 749 erreicht mit einem Personenzug den Bahnhof Bertsdorf.

Weißeritztalbahn

Wie die folgende Fichtelbergbahn und die Lößnitzgrundbahn (siehe Seite 49) gehört die Weißeritztalbahn zur SDG Sächsische Dampfeisenbahngesellschaft. Am 30. Oktober 1882 fand die Einweihungsfahrt auf der Schmalspur 750 mm der Weißeritztalbahn statt.
Die DB trennte sich von der Bahn, 1998 wurde die Verkehrsbetriebe Erzgebirge GmbH gegründet, die 2004 zur BVO Bahn GmbH wurde, die sich seit 2007 SDG nennt. Sie führt den Betrieb auf der 26,3 Kilometer langen Strecke, die einen Höhenunterschied von 350 Metern hat. Gefahren wird mehrmals täglich von Freital-Hainsberg über Freital-Coßmannsdorf, Rabenau, Spechtritz, Seifersdorf, Malter, Dippoldiswald, Ulberndorf, Obercarsdorf, Schmiedeberg-Naundorf, Schmiedeberg, Buschmühle nach Kurort Kipsdorf und zurück. Viele Sonderfahrten stehen im Fahrplan, zum Beispiel zu Ostern, Himmelfahrt, Pfingsten, zum Schmalspurbahn-Festival, Kinderfest, zum Advent und Nikolausfahrten.
Als Triebfahrzeuge werden Dampfloks der Baureihen 99.73-76 und 99.77-79 eingesetzt, Bauart 1´E1´ h2t, von der SMF Sächsische Maschinenfabrik Chemnitz und Neubauten der gleichen Art vom LKM Lokomotivbau Karl Marx Babelsberg.

Weißeritztalbahn
SDG Sächsische Dampfeisenbahngesellschaft mbH
Am Bahnhof 1
D-01468 Moritzburg
Tel. +49 35207/8 92 90
info@weisseritztalbahn.com
www.weisseritztalbahn.com

Ein Zug der Weißeritztalbahn auf dem Schmiedeberger Viadukt.

Die Loks 99 1734-5 und 99 1793-1 in Kipsdorf.

Fichtelbergbahn

Diese Bahn in der Schmalspur 750 mm hatte ihre Eröffnungsfahrt am 19. Juli 1897. Ihre Geschichte gleicht der Weißeritztal- und Lößnitzgrundbahn, die heute von der SDG Sächsische Dampfeisenbahngesellschaft auf der 17,35 Kilometer langen Strecke betrieben wird. Der Höhenunterschied beträgt 238 Meter, die Fahrt führt in die höchstgelegene Stadt Deutschlands, den Kurort Oberwiesenthal. Die Züge verkehren mehrmals täglich von Cranzahl über Unterneudorf, Neudorf, Vierenstraße, Kretscham-Rothensehma, Niederschlag, Hammerunterwiesenthal nach Kurort Oberwiesenthal und zurück. Viele Sonderfahrten werden veranstaltet, zum Beispiel der Osterhasen-Express, die Dampf- und Räuchertouren, der Vatertagsbummler, Dampfzugfahrten ins Suppenland, der Zuckertüten-Express für Erstklässler, Mondscheinfahrten, Nikolausfahrten.

Die Dampfloks vor den Zügen sind wie bei der Weißeritztalbahn Lokomotiven der Baureihen 99.73-76 und 99.77-79.

Fichtelbergbahn
SDG Sächsische Dampfeisenbahngesellschaft mbH
Bahnhofstraße 7
D-09484 Kurort Oberwiesenthal
Tel. +49 37348/15 10
info@fichtelbergbahn.de
www.fichtelbergbahn.de

Der 120. Streckengeburtstag wurde im August 2017 gefeiert.

Harzer Schmalspurbahnen

Die HSB Harzer Schmalspurbahnen, Spurweite 1000 mm, bestehen aus Harzquerbahn, Streckenlänge 61 Kilometer, Selketalbahn mit 60 Kilometern und Brockenbahn mit 19 Kilometern. Mit insgesamt 140 Kilometer Streckenlänge haben die HSB das größte zusammenhängende Streckennetz Europas mit täglichem fahrplanmäßigem Dampfbetrieb. Es gibt mehr als 400 Brücken und Durchlässe, einen Tunnel, 48 Stationen. Der tiefstgelegene Bahnhof ist Quedlinburg, 121 Meter über NN, der höchstgelegene ist der Bahnhof auf dem Brocken, 1125 Meter über NN, wobei die Fahrt hier hinauf im Adhäsionsbetrieb geschieht, die Brockenbahn ist keine Zahnradbahn.

Harzquerbahn

1897 erfolgte die Freigabe des ersten Abschnitts der NWE Nordhausen-Wernigeroder Eisenbahn. 1899 war die Strecke von Nord nach Süd quer durch den Harz vollendet. Ab 1949 wurde der Betrieb der Bahnen im Harz durch die DR Deutsche Reichsbahn der DDR durchgeführt. Zum 1. Februar 1993 übernahmen die Harzer Schmalspurbahnen den Betrieb der Harzquer-, Selketal- und Brockenbahn von der DR und war damit die erste nichtbundeseigene Eisenbahn mit regelmäßigem Personen- und Güterverkehr in den neuen Bundesländern.
Die Strecke der Harzquerbahn verläuft von Wernigerode über Steinerne Renne nach Drei Annen Hohne – hier zweigt die Brockenbahn ab – weiter nach Elend, Sorge, Benneckenstein, Sophienhof, Tiefenbachmühle, Eisfelder Talmühle, wo die Selketalbahn auf die Harzquerbahn trifft, weiter nach Netzkater, verschiedenen Halten in Ilfeld und Niedersachswerfen und Ilfeld, schließlich nach sechs weiteren Stationen endet die Fahrt in Nordhausen Nord.

Selketalbahn

1887 wurde der erste Abschnitt der GHE Gernrode-Harzgeroder Eisenbahngesellschaft eröffnet. 1905 war der Anschluss an die Harzquerbahn bei Eisfelder Talmühle erreicht. 1949 folgte die Enteignung und die Übergabe an die DR. Auch diese Bahn wurde 1993 von der HSB übernommen.
Die Strecke von Quedlinburg verläuft über Quedlinburg-Quarmbeck weiter nach Bad Suderode, Gernrode, Osterteich, Sternhaus Haferfeld, Sternhaus Ramberg,

Die Selketalbahn mit Lok 99 6001.

Die Brockenbahn am Goetheweg.

Die Harzquerbahn mit Lok 99 7245 in Eisfelder Talmühle.

Die HSB-Züge mit Dampfloks 99 7241 und 99 7243.

Mägdesprung, Drahtzug nach Alexisbad (der Abzweig nach Harzgerode ist derzeit gesperrt), weiter nach Silberhütte, zwei Halten in Straßberg, Güntersberge, Friedrichshöhe, Albrechtshaus, Stiege mit Abzweig nach Hasselfelde, Birkenmoor nach Eisfelder Talmühle.
Im ehemaligen Güterschuppen des Bahnhofs Gernrode ist das Museum Anhaltische Harzbahn des Vereins Freundeskreis Selketalbahn e. V. zu besichtigen.

Brockenbahn

Der erste Abschnitt von Drei Annen Hohne nach Schierke wurde 1898 eröffnet, im Jahr darauf war der Gipfel des Brocken erreicht.
Alle Bahnen werden nach einem festen Fahrplan täglich befahren, hinzu kommen vielfältige Sonderfahrten wie beispielsweise zum Osterbrunch auf den Brocken, Fahrten zu »Faust – Die Rockoper auf dem Brocken«, Schlemmertouren durch das Selketal, Whisky-Tasting im Salonwagen, Fahrten im offenen Cabrio-Wagen, Glühweinzüge, Nikolauszüge, Sonderzüge zum Weihnachtsbrunch auf den Brocken. Angeboten werden Führerstandsmitfahrten, Ehrenlokführerseminare, Besuche in der Fahrzeugwerkstatt.
Die 25 Dampfloks, die Attraktionen der HSB: Lok 99 7231 – 99 7247, 1´E1´, Lokomotivbau Karl Marx Babelsberg, 1954, 1956; 99 222, 1´E1´, Schwartzkopff Berlin, 1931; 99 6001, 1´C1´ h2t, Krupp Essen, 1939; die drei Malletloks 99 5901-5903, B´B, Jung, Jungenthal, 1897/98; Malletlok 99 5906, B´B, Karlsruher Maschinenfabrik, 1918; Lok 99 6101 »Pfiffi« und 99 6102 »Fiffi«, C h2t, Henschel Kassel, 1914. Die sechs Dieselloks stammen von 1966 bis 1978, die zehn Triebwagen von 1933 bis 1999.

HSB Harzer Schmalspurbahnen GmbH
Friedrichstraße 151
D-38855 Wernigerode
Tel. +49 3943/55 80
info@hsb-wr.de
www.hsb-wr.de

Rheingold-Zug

Zu den weltberühmten Zügen wie Orient-Express und Transsib zählt der sagenhafte Rheingold-Zug. Seinen Namen hat der Luxuszug vom Schatz der Nibelungen, den der grimme Hagen im Rhein versenkte. Diese Geschichte aus dem Nibelungenlied hat Richard Wagner 1869 zu seiner Oper »Das Rheingold« gestaltet.
Die Deutsche Reichsbahn ließ am 15. Mai 1928 zum ersten Mal den FD Rheingold als europäischen Fernschnellzug auf Fahrt gehen. Als FFD 101 schuf er die Verbindung der Schweiz mit Holland, der FFD 102 fuhr in die Gegenrichtung. Der Zug verband zugleich England mit dem Kontinent durch die Fährverbindung Harwich–Hoek van Holland. Die Strecke von London nach Luzern betrug 1.183 Kilometer.
Die Wagen wurden nach dem Vorbild der Pullman-Wagen konstruiert. 1939, zu Beginn des Zweiten Weltkriegs, wurden die Rheingold-Züge eingestellt. Nach dem Krieg, am 20. Mai 1951, fuhr wieder der Rheingold-Zug. 1987 wurde durch die Einführung der EuroCity-Züge der Rheingold eingestellt. Der Freundes-

FEK Freundeskreis Eisenbahn Köln e. V.
Longericher Straße 214
D-50738 Köln-Bilderstöckchen
Tel. +49 2233/9939950
info@rheingold-zug.com
www.rheingold-zug.com

AKE-Eisenbahntouristik
Lokschuppen Gerolstein
Kasselburger Weg 16
D-54568 Gerolstein
Tel. +49 6591/94 99 87 00
info@ake-eisenbahntouristik.de
www.ake-eisenbahntouristik.de

Der Rheingold-Zug zwischen Lorch und Assmannshausen am Rhein.

Der Rheingold-Zug auf dem Weg nach Rüdesheim am Rhein.

kreis Eisenbahn Köln, 1955 gegründet, ist der Traditionsträger des Rheingold-Zugs. Er führt seit 1970 Fahrten mit den restaurierten Wagen aus den 1920er und 1960er Jahren durch.

Die AKE-Rheingold führt Tages- und Mehrtagesfahrten durch. Vor die historischen Wagen ist die originale Rheingold-Lok gespannt, E 10 1309, Bo´Bo´, 1963 bei Krauss-Maffei gebaut.

Wendelstein Zahnradbahn

Wendelstein GmbH
Sudelfeldstr. 106
D-83098 Brannenburg
Tel. +49 8034/30 80
info@wendelsteinbahn.de
www.wendelsteinbahn.de

Auf den Wendelstein, zwischen Chiemsee und Tegernsee gelegen, führen zwei Bahnen hinauf. Die Wendelstein-Seilbahn und die Zahnradbahn in der Spurweite 1000 mm, beide von der Wendelsteinbahn betrieben. Der Bau von Deutschlands erster Hochgebirgsbahn erfolgte von 1910 bis 1912 und wird seit damals bestaunt. Die Berg-, Wander- und Skifreunde benutzen gern die Bahn. Sie wurde ab 1987 modernisiert und zwei Doppeltriebwagen wurden 1990 von der SLM Schweizerische Lokomotiv- und Maschinenfabrik in Winterthur und der Siemens AG gebaut. Sie erhielten die Namen »Otto von Steinbeis«, nach dem Industriellen und Kleinbahn-Unternehmer, der die Wendelsteinbahn plante und baute, und »Prinzregent Luitpold«, der die Konzession dafür erteilte.
Mehrmals täglich fahren die Triebwagen vom Talbahnhof Brannenburg, 508 Meter über NN, über die Bedarfshalte Aipl und Mitteralm zum Bergbahnhof, 1.723 Meter über NN. Die Fahrten dauern etwa 30 Minuten auf der 7,66 Kilometer langen Strecke, die einen Höhenunterschied von 1.217 Meter überwindet. Die Reibungs- oder Adhäsionsstrecke ist 1,51 Kilometer lang, die Zahnstangenstrecke 6,15 Kilometer.
Die alten Zuggarnituren mit den drei Loks aus 1912 und Lok 4 aus 1935, von der Maschinenfabrik Esslingen und BBC Baden wurden nicht verschrottet.

Ein Doppeltriebwagen an der Hohen Mauer, einem 127 Meter langen und 17 Meter hohen Damm.

Lok 1 mit Beiwagen erhielt das Deutsche Museum und ist heute in der Lokwelt Freilassing ausgestellt. Die verbliebenen historischen Garnituren kommen bei besonderen Anlässen wie Mondscheinfahrten, bei Transportfahrten oder zum Schneeräumen zum Einsatz.

Bayerische Zugspitzbahn

Es gibt viele Wege auf Deutschlands höchsten Berg, Kraxelwege führen hinauf, die Seilbahn Zugspitze und die Tiroler Zugspitzbahn. Die Zahnradbahn (ZRB) der Bayerischen Zugspitzbahn (BZB) ist seit 2007 ein »Historisches Wahrzeichen der Ingenieurbaukunst in Deutschland«. Von 1928 bis 1930 wurde die Bahn als Schmalspurbahn 1000 mm erbaut. Die Bahn führt nicht direkt zum Gipfel, sie endet 350 Meter tiefer am Zugspitzplatt auf einer Höhe von 2.588 Metern, von wo eine Seilschwebebahn zum Gipfel fährt. Einige Änderungen an der Strecke wurden im Lauf der Zeit vorgenommen. Heute verkehrt die 19 Kilometer lange Bahn von Garmisch, 705 Meter über NN, mit mehreren Zwischenhalten unterwegs über Hausberg, durch den 75 Meter langen Katzenstein-Tunnel, hat Verbindung zur Kreuzeck-/Alpspitzbahn, kommt nach Hammersbach und Grainau, wo die Zahnstangenstrecke beginnt, nach Eibsee, durch den Kleinen Tunnel, 70 Meter lang, nach Riffelriss, durch den ursprünglich 4,2 Kilometer langen Zugspitztunnel zum Schneefernerhaus, bzw. seit 1987 durch den nach der Tunnelpatin Rosi Mittermaier benannten 975 Meter langen Rosi-Tunnel und schließlich auf das Zugspitzplatt. Die Züge auf den Berg und zurück nach Garmisch ins Tal fahren mehrmals täglich übers ganze Jahr.

Im historischen Betrieb benutzen die Talloks die Adhäsionsstrecke bis Grainau, dann übernehmen die Bergloks den Dienst auf der Zahnstangenstrecke. Die Loks 1 und 4 sind Talloks, Achsfolge Bo, 1929 bei AEG gebaut und noch in Dienst. Bergloks sind Nr. 14 und 15, Zahnrad-Achsfolge 1zzz1, 1929 bei AEG gebaut. Von den Bergtriebwagen sind noch Nr. 5 und 6, Achsfolge (1zzz1)´(1zzz1)´, gebaut 1978 von SLM Schweizerische Lokomotiv- und Maschinenfabrik gebaut, in Betrieb. Zwei moderne Doppeltriebwagen für die Gesamtstrecke stammen von der SLM, 1987. Seit 2006 sind weitere vier Doppeltriebwagen (Nr. 12, 14, 15, 16) für die Gesamtstrecke sowie seit 2016 eine neue Zahnrad-Lok (BL 19) in Betrieb – beide Fahrzeuggenerationen wurden von der Fa. Stadler gebaut.

BZB Bayerische Zugspitzbahn Bergbahn AG
Olympiastraße 27
D-82467 Garmisch-Partenkirchen
Tel. +49 8821/79 70
zugspitzbahn@zugspitze.de
www.zugspitze.de

Der Doppeltriebwagen Nr. 12 auf dem Weg nach oben.

Parkeisenbahnen (Pioniereisenbahnen)

Die Pioniereisenbahnen in der einstigen DDR waren zugleich Freizeitspaß und pädagogisches Projekt. Hier lernten Mädchen und Jungen Fähigkeiten und Fertigkeiten, den Umgang mit Menschen, Technik und Organisation. Unterstützt wurden die jungen Menschen von Eisenbahnern und Pädagogen. Viele dieser Pionier-Eisenbahner blieben Eisenbahnfreunde ein Leben lang oder wurden Eisenbahner von Beruf. Nach dem Ende der DDR wurden einige Pioniereisenbahnen eingestellt, andere wurden zu Parkeisenbahnen.

Berliner Parkeisenbahn

Zum Geburtstag von Wilhelm Pieck, Präsident der DDR, versprachen am 3. Januar 1956 die Eisenbahner der DDR, den Berliner Kindern eine Pioniereisenbahn (benannt nach der Kinderorganisation »Junge Pioniere«) zu errichten. Schon am 10. Juni 1956 wurde die Bahn mit Spurweite 600 mm im Pionierlager in der Wuhlheide eröffnet. Von anderen Eisenbahnen kamen Wagen und Loks. 1990 wurde die Pioniereisenbahn in Berliner Parkeisenbahn umbenannt. Auch Bahnhöfe erhielten neue Namen. Aus Bf Pionierpark Ernst Thälmann wurde Bf Hauptbahnhof, aus Bf Pionierpalast wurde Bf Eichgestell, Bf Pionierzentrum wurde Bf Badesee. Mehrmals drohte das Aus für die Eisen-

BPE Berliner Parkeisenbahn gGmbH
An der Wuhlheide 189
D-12459 Berlin
Tel. +49 30/53 89 26 60
info@parkeisenbahn.de
www.parkeisenbahn.de

500-mm-Feldbahnprojekt e. V.
Straße zum FEZ 2
D-12459 Berlin
info@feldbahn-berlin.de
www.feldbahn-berlin.de

Die Brigadelok der BPE ist über 100 Jahre alt.

Der Umbau des BPE-Wagens 6202 zum Steuerwagen erfolgte 2018 durch Auszubildende der Havelländischen Eisenbahn.

bahn, aber das Engagement der Bevölkerung und der Eisenbahnfreunde rettete die Bahn, die 1993 von der Reichsbahn an eine gemeinnützige Gesellschaft übergeben wurde. Seit 2015 arbeitet die Parkeisenbahn mit der Berliner Sparkasse zusammen. Der Salon-Wagen wurde umgebaut und heißt nun KNAX-Wagen nach der Sparkassen-Kinderzeitschrift.
Fahrbetrieb auf der 7,5 Kilometer langen Strecke ist jedes Wochenende von März bis Oktober, in den Ferien auch Montag bis Donnerstag, dazu Sonderfahrten von Ostern bis Weihnachten.
Von den Loks seien die Dampfloks erwähnt. Lok SBF1 »Klaus«, B n2t, LKM, 1950; »Luise«, C n2t, Fablok, Polen, 1952; »Merapi«, D n2t, Hanomag, 1952 (von einer Zuckerplantage in Java); Brigadelok 99 1138, D n2t, Henschel, 1918; dazu sind noch neun Dieselloks verschiedener Herkunft und Baujahre vorhanden.
In der Wuhlheide, Ort des FEZ Freizeit- und Erholungszentrums, Europas größtes gemeinnütziges Jugend- und Familienzentrum, ist auch das Feldbahnprojekt tätig. Der Verein hat elf Diesel- und vier Akkuloks der Spurweite 500 mm, Wagen und viele Geräte. Bei schönem Wetter ist Fahrbetrieb.

Parkeisenbahn Cottbus

Am 1. Juni, dem internationalen Kindertag 1954 wurde die Pioniereisenbahn Cottbus auf der 600-mm-Spur eröffnet. Damals betrug die Streckenlänge 1,1 Kilometer, inzwischen ist sie verlängert auf 3,2 Kilometer vom Sandower Dreieck mit Bw über Stadion der Freundschaft, Messehallen, Parkcafé, Zoo bis Park und Schloss Branitz. Wie damals arbeiten heute Kinder und Jugendliche ehrenamtlich in verschiedenen Funktionen bei der Bahn.
Fahrtage ab 10 Uhr sind die Wochenenden ab Ende März/Anfang April, im Mai und Juni ab Mittwoch bis Sonntag, im Juli und August täglich, im September und Oktober jedes Wochenende, zusätzlich an Feiertagen wie 1. Mai und 3. Oktober. Sonderfahrten gibt es zu Ostern, zum Kinder- und Jugendfest im Juni, zudem Halloween- und Nikolausfahrten.
Die Züge fahren alle 50 Minuten, gezogen werden sie von der Lok 01, eine Brigadelok von 1918, Lok 04, »Graf Arnim« , C n2t, von der WEM Waldeisenbahn Muskau, bei Krauss in München 1895 gebaut. Lok 02 ist eine Diesellok, Henschel, 1934, und kam von der Mecklenburg-Pommerschen Schmalspurbahn und von Muskau; Lok 03 ist eine Diesellok vom LKM, 1956; Lok 05 stammt auch vom LKM, 1955; »ICE« 299 010 und 299 011 stammen von der Grugabahn im Grugapark Essen 1966.

Parkeisenbahn Cottbus
Cottbusverkehr GmbH

Am Eliaspark 1
D-03042 Cottbus
Tel. +49 355/75 61 70
parkeisenbahn@cottbusverkehr.de
www.pe-cottbus.de

Parkeisenbahn Lauchhammer

Anfang 1952 hatte die Belegschaft des BKW Braunkohlewerk »Freundschaft« die Idee, eine Pioniereisenbahn für die Kinder der Region Lauchhammer-Dolst-haida-Mückenberg aufzubauen. Das Material kam von verschiedenen Betrieben, die Lok war eine Untertagelok aus der Grube Klettwitz. Die Inbetriebnahme des 150 Meter langen Rundkurses der Spurweite 500 mm erfolgte im Puschkinpark am 1. Mai 1952. Bald wurde der Rundkurs auf 400 Meter erweitert, heute beträgt er 1.036 Meter. Der Betrieb wurde auf Dieselloks umgestellt, die erste Lok war »Rosi«, B-dm, Deutz, etwa 1952, umgebaut 1954 bei Stahlbau Lauchhamer. 1955 kam »Luzi«, B-dm, Junkers, etwa 1952, umgebaut in der Hauptwerkstatt Lauchhammer-West; »Amanda«, B-dm, Deutz, etwa 1952, umgebaut durch Braunkohlenwerk »Friedenswacht«. Alle drei Loks sind noch im Einsatz vor dem Parkexpress.
Die Fahrsaison beginnt am 1. Mai, Fahrtage sind zum Kindertag und Bergmannsfest im Juni, zum Bergmannstag im Juli, in den Ferien, zum Weltkindertag und am 3. Oktober, auch Sonderfahrten werden durchgeführt.
Betreiber der Parkbahn im Park, der jetzt Schlosspark heißt, sind die Stadt Lauchhammer. Der Traditionsverein Braunkohle unterstützt und fördert die Bahn.

Parkeisenbahn Lauchhammer
Traditionsverein Braunkohle Lauchhammer e. V.
Alte Gartenstraße 24
D-01979 Lauchhammer
Tel. +49 175/3 87 97 64
junker-joerg@web.de
www.tv-braunkohle.de

Der Parkexpress vor der Abfahrt.

Parkeisenbahn Leipzig

Die Bahn rund um den Auensee der Spurweite 381 mm (15 Zoll) ist eine Liliputbahn, 1,9 Kilometer lang. Sie wurde am 5. August 1951 als Pioniereisenbahn eröffnet.
Fahrtage sind von Ende März bis Ende Oktober Dienstag bis Samstag 14 bis 16.45 Uhr, an Sonn- und Feiertagen 10 bis 12.45 und 14 bis 16.45 Uhr, zusätzlich in den Ferien. Sonderveranstaltungen gibt es zur Museumsnacht im Mai, zum Tag des Eisenbahners im Juni, am Sommerfest im August, Lampionfahrten im Herbst.
Die Dampflok 03 002, 2´C1´ der Parkeisenbahn wurde 1925 bei Krauss in München gebaut und ist eine Martens´sche Einheitsliliputlok. Bei der Deutschen Verkehrsausstellung 1925 in München war sie in Betrieb, zog Züge in Düsseldorf, Köln, Rotterdam, Antwerpen, Barcelona, Dresden, Berlin, Cork und 1939/1940 auf dem Killesberg in Stuttgart. 1951 kam sie nach Leipzig. Die Akkulok entstand 1995 durch Umbau einer 1958 gebauten Diesellok der Waldeisenbahn Muskau.

Begegnung mit der Parkeisenbahn

Parkeisenbahn Auensee e. V.
Gustav-Esche-Straße 8
D-04159 Leipzig
Tel. +49 341/4 61 11 51
info@parkeisenbahn-auensee-leipzig.de
www.parkeisenbahn-auensee-leipzig.de

Görlitzer Oldtimer Parkeisenbahn

Görlitzer Oldtimer Parkeisenbahn e. V.
An der Landskronbrauerei 118
D-02826 Görlitz
Tel. +49 3581/40 70 90
info@goerlitzerparkeisenbahn.de
www.goerlitzerparkeisenbahn.de

Die AG Parkeisenbahn wurde 1975 gegründet, und schon am 1. Juni 1976 konnte die Bahn der Arbeitsgemeinschaft übergeben werden. Es war die 12. Pioniereisenbahn in der DDR. Im Freizeitpark am Weinberg liegt der 665 Meter lange Rundkurs der Spurweite 600 mm mit einem Bahnhof, zum zweiständigen Lokschuppen führt ein 170 Meter langes Gleis.
An den Fahrtagen fährt die Eisenbahn alle halbe Stunde und bei Bedarf öfter. Bei Regen wird der Fahrbetrieb eingestellt. In den Monaten März, April, Mai, Juni, September, Oktober sind die Fahrtage Samstag 13.30 bis 17 Uhr, Sonn- und Feiertag 10 bis 17 Uhr; Juli und August Mittwoch 10 bis 17 Uhr, Samstag 13.30 bis 17 Uhr, Sonn- und Feiertag 10 bis 17 Uhr; Anfang Dezember gibt es Nikolausfahrten.
Die Diesellok 001 heißt »Adler« und sieht wie die englische Dampflok der ersten deutschen Eisenbahn von 1835 aus. Die Görlitzer »Adler« wurde 1976 beim Waggonbau Görlitz produziert. Von hier stammen auch die sechs Wagen. Die Diesellok LDI-45N, Baujahr 1980,

Die Schmalspur-»Adler« und die Unio-Lok der Parkeisenbahn.

Dresdner Parkeisenbahn

Von 1930 bis 1937 gab es im Großen Garten eine Liliputbahn, die bei Ausstellungen in Dresden verkehrte. Nach dem Zweiten Weltkrieg wurde eine Kindereisenbahn geplant, Anfang 1950 wurden Schienen verlegt, und am 1. Juni, dem internationalen Kindertag, wurde unter Hilfe der Mitarbeiter der Verkehrsbetriebe, die Bahn eröffnet. Sie sollte nach einer Saison abgebaut werden. Da fuhren drei Schulkinder mit zwei Mitgliedern der

FDJ nach Berlin und überzeugten Walter Ulbricht, den mächtigsten Mann der DDR, dass die Bahn als Pioniereisenbahn erhalten werden sollte.
So fährt die Bahn, jetzt als Parkeisenbahn, immer noch im Großen Garten ihre große Runde auf der 5,6 Kilometer langen Strecke der Spurweite 381 mm (15 Zoll).
Fahrtage ab 10 Uhr von Ende März/Anfang April bis Ende Juni Dienstag bis Sonntag; von Anfang Juli bis Ende August täglich; von Anfang September bis Ende Oktober Dienstag bis Sonntag. Dazu kommen Oster-, Lichter-, Advents- und Nikolausfahrten.
Zwei Dampfloks, 001 »Lisa«, 003 »Moritz«, 2´C1´, Krauss, 1925, Schwestern der Lok der Parkeisenbahn in Leipzig, sind im Einsatz. Dazu kommen zwei Akkuloks, von der TU Dresden entworfen, im RAW Dresden 1962 und 1982 gebaut.

Dresdner Parkeisenbahn
Linnèstr. 5
D-01219 Dresden
Tel. +49 351/4 45 67 95
parkeisenbahn@schloesserland-sachsen.de
www.parkeisenbahn-dresden.de

Parkeisenbahn Chemnitz

Im Volkspark Küchwald wurde am 13. Juni 1954, am Tag des Eisenbahners, die Pioniereisenbahn in der Spurweite 600 mm eröffnet. Im RAW Wilhelm Pieck in Karl-Marx-Stadt, wie Chemnitz von 1953 bis 1990 hieß, entstanden aus Feldbahnloren offene Personenwagen. Auf der inzwischen 2,3 Kilometer langen Strecke wird an den Fahrtagen von Mitte/Ende März bis Anfang November von Dienstag bis Sonntag ab 9.45 Uhr mehrmals gefahren, zudem am 6. und 26. Dezember.

Die betriebsbereiten Loks sind Lok 6004, Ns 2f von LKM, 1959; Lok 6005, Akkulok B 360, BBA Betrieb für Begbauausrüstung Aue, 1985; Lok 6006, CFL-60 DCL, Schöma, 2002.

Parkeisenbahn Chemnitz gGmbH
Küchwaldring 24
D-09113 Chemnitz
Info-Tel. +49 371/3 30 11 00
kontakt@parkeisenbahn-chemnitz.de
www.parkeisenbahn-chemnitz.de

Parkeisenbahn Syratal Plauen

Die Bahn in der Freizeitanlage Syratal ist die einzige Parkeisenbahn mit elektrischer Oberleitung. Es waren die Kumpel der Schachtanlage Zobes, die 1958 den Bau einer Pioniereisenbahn anregten. Und sie bauten die Waggons und die Elektrolok »Metalist«, die aus zwei Grubenloks mit der Achsfolge Bo´Bo´ konstruiert wurde. Am 7. Oktober 1959 wurde die Bahn der Spurweite 600 mm mit der Streckenlänge 1,2 Kilometer eröffnet. Um die Bahn in ihrem Bestand und Betrieb zu unterstützen, wurde 2005 der Förderverein gegründet.
Zu den Öffnungszeiten der Freizeitanlage fährt auch die Parkeisenbahn – vom April bis Oktober fast täglich. Das Feldbahntreffen im Syratal findet am Sonntag Mitte Mai statt, die Mondscheinfahrten gibt es Mitte Oktober.
Neben der Lok EL 61 »Metalist«, die immer noch im Einsatz ist, sind diese Loks in Betrieb: EL 30-Tandem, aus zwei baugleichen Grubenloks vom Baujahr 1958 vom BBA Betrieb für Bergbauausrüstung Aue und der Staßenbahn Plauen 2001 zusammengebaut; Diesellok D 01, Ns 2f, LKM, 1956; eine Diesellok Ns 1, B-dm, eine der Loks vom LKM, die von 1952 bis 1960 gebaut wurden, ist von 2019 an in Betrieb.

Förderverein Parkeisenbahn Syratal Plauen e. V.
Hainstraße 1
D-08523 Plauen
Tel. +49 3741/42 28 61 und +49 3741/42 31
info@freizeitanlage-plauen.de
www.freizeitanlage-plauen.de

Die berühmte E-Lok »Metalist« von 1959.

Parkeisenbahn »Krumbholz«, Bernburg

Parkeisenbahn »Krumbholz«
Bernburger Freizeit GmbH
Krumbholzallee
D-06406 Bernburg (Saale)
Tel. +49 3471/3 46 93 11 und 35 20 12
stadtinfo@bernburger-freizeit.de
www.bernburger-freizeit.de

Im Krumbholz, einem trockengelegten Flussbett mit Auenlandschaft, erstreckt sich ein vielfältiges Freizeit- und Erholungsgebiet. Hier wurde am 1. Juni 1969 eine 1,9 Kilometer lange Pioniereisenbahn der Spurweite 600 mm eröffnet. Die Bahn pendelt zwischen den Haltepunkten Rosenhag, Tiergarten, Sportforum, Keßlerturm und »Paradies«. Sie ist von Anfang April bis Ende November in Fahrt. In der Nebensaison April bis August Dienstag Ruhetag, ab September Montag und Dienstag Ruhetag, in der Hauptsaison Dienstag bis Sonntag und an Feiertagen, zusätzlich in den Frühjahrs- und Herbstferien jeweils ab 10 Uhr.

Die fünf Wagen der Eisenbahn werden von der Diesellok »Krumbholz-Liese« gezogen, einer Kleinlokomotive CHL-40 G von Schöma, 1997. Auch eine Skoda-Grubenlok von 1958 ist betriebsbereit.

Die Bernburger Parkeisenbahn im Krumbholz.

Parkeisenbahn Halle/Saale Peißnitzexpress

Am 12. Juni 1960 nahm auf der Peißnitzinsel zwischen Saale und Wilder Saale die achte Pioniereisenbahn der DDR ihren Betrieb auf. Der zwei Kilometer lange Rundkurs der Spurweite 600 mm war ein gemeinsames Projekt der Stadt Halle mit der Reichsbahn. Inzwischen wird die Bahn, auch Peißnitzexpress genannt,

Zwei Züge der Parkeisenbahn im Bahnhof Peißnitzbrücke.

vom Verein der Parkeisenbahnfreunde mit Unterstützung der HAVAG Hallesche Verkehrs-AG der Stadt Halle betrieben. Die Fahrten beginnen am Hbf. Peißnitzbrücke, der früher Völkerfreundschaft hieß.
Fahrtage sind von Ende März bis 1. November Donnerstag bis Sonntag, und an den Feiertagen. Sonderfahrten gibt es zu Ostern, zum Laternenfest Ende August fährt die Bahn bis in die Nacht.
Vor die Züge sind die Dieselloks Ns 2f 399 611-3 oder 399 612-1 gespannt, beide B-dm, im Lokomotivbau Karl Marx gebaut. Die 399 613-9 und die Akkulok, Bo´Bo´ im Bw Halle G gebaut, sind zurzeit in der Hauptuntersuchung.

Parkeisenbahn Halle/Saale
Peißnitzexpress
Parkeisenbahnfreunde Halle/Saale e. V.
Peißnitzinsel 3
D-06108 Halle/Saale
Tel. +49 345/98 30 19 25
info-pehalle@gmx.de
www.parkeisenbahn-halle.de

Parkeisenbahn Vatterode

Parkeisenbahn Vatterode
Am Teich 1
D-06343 Mansfeld OT Vatterode
Tel. +49 172/9 66 20 07
mail@parkeisenbahn-vatterode.de
www.parkeisenbahn-vatterode.de

Der Kinderwunsch nach einer Pioniereisenbahn in Mansfeld wurde Wirklichkeit. Kollegen der Bahnwerkstatt und Brigaden der Bauwerkstatt errichteten mit Jugendlichen der Werksbahn und vieler Werktätiger der Mansfeld-Kombinats-Betriebe in sechs Wochen die Pioniereisenbahn »Junges Leben«. Am 3. Juli 1967, dem Tag des Bergmanns, wurde die 1,3 Kilometer lange Bahn der Spurweite 500 mm eröffnet. Die Strecke verbindet den Bf Wippergrund in Vatterode mit dem Naherholungsgebiet am Vatteröder Teich mit seinem Bf Mansfelder Schleife. Am Bahnhof Wippergrund ist sogar eine Drehscheibe vorhanden.
An den Fahrtagen beginnen die Züge ab 10 Uhr zu fahren, so am ersten Mai-Wochenende, zum Kinderfest am ersten Juni-Wochenende, an Pfingsten, am Tag des Eisenbahners am zweiten Juni-Sonntag, an Fronleichnam, zum Zuckertütenfest am ersten August-Wochenende, Nachtfahrten Ende August/Anfang September, am Tag der offenen Tür und zum Herbstfest im Oktober.
Zwei Akkuloks sind in Betrieb, beide waren Grubenloks von LEW Lokomotivbau Elektrotechnische Werke Hans Beimler Hennigsdorf, EL 9, Baujahr 1957. Lok EL 9-001 wurde umgestaltet und sieht wie eine Diesellok V 10c aus, EL 9-002 sieht wie eine große Diesellok aus.
Die Parkeisenbahn Vatterode hat zwei Spezialwagen, die sie auch gern vermietet. Der eine ist eine umgebaute Lore zum Barwagen, der andere ist eine Lore als Grillwagen (hp.durststrecke@parkeisenbahn-vatterode.de, feuerbuechse@parkeisenbahn-vatterode.de).

Die Parkeisenbahn mit Lok EL 9-002.

Parkeisenbahn Gera

Parkeisenbahn Gera
im Tierpark Martinsgrund
Geraer Wald-Eisenbahn-Verein e. V.

Liselotte-Herrmann-Straße 6
D-07548 Gera
Tel. +49 365/5 52 26 11
kontakt@parkeisenbahn-gera.de
www.parkeisenbahn-gera.de

Auf dem Weihnachtsmarkt 1973 fuhr eine kleine Eisenbahn mit Grubenlok und Wagen der SDAG Wismut – und begeisterte Kinder und Erwachsene. Geraer Bürger gründeten die Arbeitsgemeinschaft Pioniereisenbahn. Im Frühjahr 1974 begannen die Arbeiten im Tierpark Martinsgrund. Mit Hilfe der Armee, die drei Brücken errichtete, und der Reichsbahn, die die Sicherungstechnik installierte, wurden im August 1975 die Arbeiten an der 0,8 Kilometer langen kurvenreichen Strecke der Schmalspur 600 mm abgeschlossen. Am 6. September 1975 fuhr der erste Zug vom Bahnhof Wolfsgehege ab.

Fahrtage im Martinsgrund sind von Anfang April bis Anfang November Dienstag, Mittwoch, Donnerstag, Sams-, Sonn- und Feiertage von 9.30 bis 11.30 Uhr und von 13 bis 17 Uhr. Auch Sonderfahrten werden durchgeführt.

Nachtfahrt bei der Parkeisenbahn Gera.

Zwei Dieselloks aus der CSSR stehen zur Verfügung, 399 312-8 und 399 310-2, Typ BN 60H, Turcianske strojárne, Lucenec1965 und 1966. Die Akkulok EA 44-02 stammt aus vom BBA Betrieb für Bergbauausrüstung Aue, 1990.

Ferienlandeisenbahn Crispendorf

Im Wisentatal, in dem die regelspurige Wisentatalbahn fährt, liegt das große Freizeit- und Erholungsgebiet Crispendorf bei Schleiz. Das frühere Pionierlager Karl Marx der SDAG Sowjetisch-Deutsche Aktiengesellschaft Wismut begann hier 1954 mit dem Bau einer Pioniereisenbahn, die stetig ausgebaut wurde. 1990 ging der Pionierexpress aufs Abstellgleis. Das Pionierlager wurde aufgelöst. Die SDAG wurde 1991 zur GmbH der BRD und hatte die Aufgabe, die Bergbau-Standorte der Wismut abzuwickeln.

Aus dem weitläufigen Pionierlager wurde das Ferienland Crispendorf und seit 1999 fährt nun die Ferienlandeisenbahn auf dem 2,1 Kilometer langen Rundkurs der Spurweite 600 mm. Fahrtage von 10 bis 18 Uhr sind an Ostern, am 1. Mai, Sonntage im Mai, an Pfingsten, am ersten oder zweiten Juli-Sonntag; Fahrbetrieb von 14 bis 18 Uhr gibt es an Sams- oder Sonntagen im Juni, Juli, September; von 13 bis 17 Uhr am dritten Oktober-Wochenende und Ende Oktober. Sonderfahrten sind zum Beispiel Osterfahrten, Lichterfahrten und Glühweinfahrten.

Vor die Personenwagen werden die Dieselloks »Crispi« EA 44-01, Typ EL 61, BBA, 1973, Umbau 1975 gespannt, und die »Maja« EA 22-01, Typ B 360, BBA, 1989.

Eine einmalige Attraktion ist der Wagen 15, der Badewagen, der mit 1000 Liter Wasser gefüllt wird und ein fahrender Whirlpool ist.

Ferienlandeisenbahn Crispendorf e. V.

Ferienland 2
D-07924 Schleiz-Crispendorf
Tel. +49 3663/41 08 67
info@ferienlandeisenbahn.de
www.ferienlandeienbahn.de

Österreich und die Schweiz

Lokpark Ampflwang

Ende des 18. Jahrhunderts begann bei Ampflwang im Hausruckwald, Oberösterreich, der Braunkohlenabbau. 1856 gründete sich die Wolfsegg-Traunthaler Kohlenwerks- und Eisenbahngesellschaft AG. Mit der Eisenbahn konnte die Braunkohle schnell transportiert werden. Die AG wurde 1996 aufgelöst.
1974 begannen junge Eisenbahnfreunde verschiedenen Dampfloks wie die 77.28, 2´C1´ Krauss Linz, 1927, zu verschönern. Im selben Jahr gründete sich der Verein ÖGEG Österreichische Gesellschaft für Eisenbahngeschichte. Ein Jahr später fuhr aus Anlass der Elektrifizierung der Summerauer Bahn ein Sonderzug mit der 77.28 und ein damals hochmoderner Städteschnellzug der Baureihe 4010 – beide sind heute im Besitz der ÖGEG. Im Lauf der Zeit wurden weitere Dampf- und Dieselloks erworben. 1983 wurde von der Wolfsegg-Traunthaler Kohlenwerks AG die Lok Nr. 4 gekauft (D h2t, 1927). 1985 kaufte die ÖGEG den 17 Kilometer langen Abschnitt von Steyr Lokalbahnhof nach Grünburg (siehe folgenden Beitrag) und konnte so die älteste 760-mm-Schmalspurbahn Österreichs als Museumsbahn vor der Abtragung retten. 1996 wurde von der Wolfsegg-Traunthaler Kohlenwerksbahn AG ein großer Teil des Geländes in Ampflwang mit Gebäuden und Anschlussbahn zum Bahnhof Timelkam gekauft. Seit 2001 geht das Dampfschiff »Schönbrunn«, 1995 von der ÖGEG gekauft und restauriert, für kombinierte Bahn- und Schiffsreisen auf Fahrt. 2004 wurde für die Landesausstellung »Kohle und Dampf« in Ampflwang die Gleisanlage erweitert und ein 21-ständiger Ringlockschuppen mit Drehscheibe errichtet. Seit 2007 betreibt die ÖGEG den Lokpark Ampflwang als Museum und die Museumsbahn Ampflwang–Timelkam.

Lokpark Ampflwang
ÖGEG Österreichische Gesellschaft für Eisenbahngeschichte
Bahnhofstraße 29
A-4843 Ampflwang
Tel. +43 664/5 08 76 64
info@lokpark.at
www.oegeg.at
www.sonderzuege.at

Der Lokpark Ampflwang zeigt auf 25.000 Quadratmetern mehr als 100 Dampf-, Diesel- und Elektroloks sowie Personen- und Güterwagen, Waggons und Sonderfahrzeuge. Darüber hinaus gibt es eine Schiebebühne, einen Lokschuppen, eine Drehscheibe, einen Wasser- und Kohlekran und zahlreiche Gleisanlagen. Der Lokpark Ampflwang ist zugleich der Heimatbahnhof des Normalspurbereichs der ÖGEG; hier werden die Maschinen gewartet, repariert und restauriert.
An ausgewählten Tagen fahren Nostalgiezüge auf der 10,5 Kilometer langen Strecke der ehemaligen Kohlenwerksbahn des Wolfsegg-Traunthaler Kohlenwerks zwischen Timelkam (Haltestelle Timelkam Energie-AG, fünf Minuten zu Fuß vom ÖBB-Bahnhof Timelkam entfernt) über die Vöckla auf einer großen Stahlkastenbrücke in 30 Minuten bis zum Museumsbahnhofsteig Lokpark Ampflwang und zurück. Betriebstage sind Ostersamstag, 1. Mai, drei Tage im Juni, zwei Tage im Juli, zwei Tage im August, Schulstartfest im September, zwei Tage im Oktober, jeweils ein Tag im November und Dezember.

Das gut gefüllte Heizhaus in Ampflwang.

Steyrtal-Museumsbahn und Kaiserzug

ÖGEG Steyrtal-Museumsbahn
Bahnhof Grünberg Steyrstraße 11
A-4595 Waldneukirchen
Bahnhof Steyr Lokalbahn Redtenbachergasse 14
A-4400 Steyr
Tel. + 43-664/5 08 76 64
info@steyrtalbahn.de
www.steyrtalbahn.de
www.kaiserzug.eu

Die Stadt Steyr besaß bereits im Jahr 1868 mit der Rudolfsbahn Anschluss an das Bahnnetz und erreichte 1887 die Kremstalbahn Bad Hall und Klaus. Danach entstand der Wunsch, auch eine schmalspurige Lokalbahn (760 mm) von Steyr (Garsten) durch das Steyrtal bis Unter-Grünburg und eventuell auch bis Klaus zu bauen. 1888 wurde die Steyrtalbahn AG gegründet, und 1889 die Strecke von Garsten nach Grünburg eröffnet, ein Jahr später die Verlängerung bis Agonitz. 1909 war auch die Strecke bis Klaus fertig gestellt. Nun besaß die Steyrtalbahn ein Schienennetz von 55 Kilometern. Nach und nach bis 1982 wurden immer wieder Bahnstrecken stillgelegt. Die ÖGEG Österreichische Gesellschaft für Eisenbahngeschichte erwarb die Strecke von Steyr Lokalbahn bis Grünburg. Und seit 1985 wird dieser Abschnitt als Museumsbahn betrieben. Die 17 Kilometer lange Strecke beginnt in Steyr Lokalbahn, gefolgt von Pergern, Aschach an der Steyr, Sommerhubermühle bis Grünburg Betriebszentrum.
Zur Museumsbahn gehören neun Dampfloks von 1888 bis 1951. Betriebsfähig sind die 298.102, C1 nt, Krauss Linz, 1888; 298.53, C1 nt, Krauss Linz, 1898; 498.04, C1 ht, Krauss Linz, 1928; drei Dampfloks befanden sich in Aufarbeitung. Von den Dieselloks sind betriebsfähig die V 105, B, Gmeinder, 1940; Nr. 7, B, O&K, 1955; Beni, B, Jenbacher, 1962; D 68, B, Schöma, 1981. Außerdem vier Motorbahnwagen aus der Zeit von 1928 bis 1980.
Betriebstage sind der 1. Mai, die Sonntage im Juni, jeweils Samstag und Sonntag im Juli und August bis Ende September, am 26. Oktober (Staatsfeiertag) und im Advent.
Am 15. August fährt die historische Dampflok 77.28, Baujahr 1927, zum Kaiserfest nach Bad Ischl. Ausgangspunkt ist Attnang-Puchheim. Das mitfahrende »Kaiserpaar« wird in Bad Ischl mit gebührenden Ehren empfangen. Zur Schluss-Saison-Sonderfahrt am 26. Oktober, Nationalfeiertag von Ampflwang, fährt eine historische Dampflok von Ampflwang über Timelkam, Vöcklabruck, Attnang-Puchheim, Wels nach Linz und Budweis. Im Dezember findet »Alpendampf zum Adventszauber nach Zell am See« statt.

Planzug im Winter mit Lok 699.103 zwischen Letten und Aschach an der Steyr.

Reblaus Express

Die normalspurige Lokalbahn Retz-Drosendorf wurde 1910 eröffnet, der Personen- und Güterverkehr 2001 stillgelegt. Ab 2002 übernahm die NÖVOG den Reblaus Express als Nostalgiezug. 2010, zur 100-Jahr-Feier der Strecke, fuhr zusätzlich zu den Planzügen des Reblaus Express ein Dampfsonderzug mit der 52 100. Der Nostalgiezug mit zweiachsigen Waggons in Stil der 70er Jahre des vorigen Jahrhunderts mit offener Plattform, Fahrradwaggon, Heurigenwagen, gezogen von der Diesellokomotive 2043.53, B´B´d-h, von den Jenbacher Werken aus den 70erJahren.
Die Stationen sind Retz (Weinviertel), Hofern, Niederfladnitz, Pleißing-Waschbach, Weitersfeld NÖ, Hessendorf Anglerparadies, Langau, Geras-Kottaun, Zissendorf und Drosendorf (Waldviertel). Die Strecke ist 40 Kilometer lang. Der Schienenbus verkehrt zwischen dem 30. März und Ende April. Die Saison beginnt Ende März und endet im Oktober, Fahrtage sind sams-, sonn- und feiertags. Es gibt verschiedene Kombiangebote zu Themen wie Stadtführung Drosendorf, Retzer Erlebniskeller, Ostereier suchen, Sonnenwendfeuer in Langau, Das Christkind fährt Reblaus Express, Abfischen im Anglerparadies Hessendorf und viele mehr.

Der Reblaus Express mit der Diesellok 2043.53 in den Weinbergen.

Reblaus Express
Bahnhofplatz 1
A-2070 Retz
www.reblaus-express.at
NÖVOG-Infocenter
Tel. +43 2742/360 990-1000
info@niederoesterreichbahnen.at
www.reblausexpress.at

Der Reblaus Express unterwegs als Schienenbus.

Waldviertelbahn, Gmünd

Der Waldviertelbahn-Zug mit Dampflok Mh 1.

Bereits 1870 erhielt das niederösterreichische Waldviertel mit der Kaiser-Franz-Josefs-Bahn von Prag nach Wien Anschluss an das europäische Eisenbahnnetz. Daraus resultierte ein wirtschaftlicher Aufschwung der an der Bahn gelegenen Orte.

Die Strecke der Waldviertelbahn nach Norden, der Nordast, von Gmünd nach Litschau, 26 Kilometer, ging 1900 in Betrieb. Der Streckenverlauf: Gmünd, Neu Nagelberg, Alt Nagelberg (hier Abzweig nach Heidenreichstein). Etwas Besonderes auf dieser Strecke ist die Parallelfahrt vom Bahnhof Alt Nagelberg: Auf rund zwei Kilometern verlaufen beide Schienenstränge parallel. Schon damals wurde diese Strecke vom Personal zur Freude der Fahrgäste zu einer Wettfahrt benutzt. Das geschieht auch heute bei Sonderfahrten. Nächste Stationen sind Brand, Schönau Dorfwirt, und Litschau.

Die zweite Strecke der Waldviertelbahn nach Süden, der Südast, 43 Kilometer lang, führt seit 1903 von Gmünd nach Groß Gerungs, zusammen sind die beiden Strecken 69 Kilometer lang und gehören seit 2011 zur Waldviertelbahn der NÖVOG Niederösterreichische Verkehrsorganisation. Die Bahnen haben Spurweite 760 mm.

Der Streckenverlauf des Südastes: Gmünd, Ehrendorf, Dietmanns, Alt Weitra, Weitra, St. Martin bei Weitra, Steinbach-Bad Großpertholz, Abschlag, Bruderndorf, Langschlag und Groß Gerungs. In Langschlag auf einem Gleis ist die Dampflok 298.206 als Denkmal abgestellt; in einem Güterwagen wurde ein kleines Museum eingerichtet.

2001 wurde der Personenverkehr von Litschau nach Groß Gerungs eingestellt. Die beiden letzten Triebwagen wurden der Mariazellerbahn (siehe Seite 148) überstellt. Ein Vertrag zwischen NÖVOG und den ÖBB Österreichische Bundesbahnen nahm den Touristenverkehr auf der Schmalspurbahn wieder auf: 2001 zwischen Gmünd und Groß Gerungs und 2006 von Gmünd nach Litschau. Seit 2010 hat die NÖVOG die gesamte Bahnstrecke übernommen. Ab Bahnhof Gmünd fährt die normalspurige Franz-Josef-Bahn und die Schmalspurbahn Waldviertelbahn.

Zug mit der Diesellok 2091 in Aalfang.

Zug mit der Diesellok 2091 zwischen Langegg und Alt Nagelberg.

Betriebsbereite Fahrzeuge sind die Goldenen Dieseltriebwagen VT 8, VT 11, VT 13 aus der Serie von Bombardier 1986 bis 1995. Die Nostalgiegarnitur mit historischen Dampfloks Mh 1 und Mh 4, D 2ht, Krauss Linz, 1906, und die Garnitur mit historischen Diesellloks V 5 und V 12 aus den 1950/1960er Jahren.

Fahrbetrieb der Waldviertelbahn Ende April bis Ende Oktober Gmünd–Litschau und Gmünd–Groß Gerungs. Themenbezogene Fahrten der Waldviertelbahn sind Winterzug, Osterhasenzug, Räuberzug, Kräuterzug, Teddybärzug, Schmankerlzug, Waldgeisterzüge, Nikolauszüge und der Christkindlzug, darüber hinaus Sonderfahrten zu verschiedenen Anlässen.

Der Wackelsteinexpress des WSV Waldviertler Schmalspur-Vereins fährt auf der Strecke nach Heidenreichstein, die bei Alt Nagelberg von der Strecke Litschau–Gmünd abzweigt, ist 13 Kilometer lang und wurde 1900 eröffnet. Die Strecke vom Bahnhof Alt Nagelberg führt über Herrenhaus, Langegg, Aalfang nach Heidenreichstein.

Der Personenverkehr nach Heidenreichstein wurde 1986, der Güterverkehr 1992 stillgelegt. Der WSV Waldviertler Schmalspur-Verein konnte die Strecke übernehmen, auf der bereits 1987 Sonderfahrten veranstaltet wurden.

Der Fuhrpark aus authentischen Fahrzeugen aus der Betriebszeit der Waldviertler Schmalspurbahn spiegelt die 1970er und 1980er Jahre wider. Dazu zählen auch zwei- und vierachsige Personenwagen, Dienstwagen, Güterwagen und ein Jauserlwagerl. Bei schönem Wetter wird auch der Aussichtswagen mitgeführt. Betriebsfähige Triebfahrzeuge sind ÖBB 2091.09, Achsfolge 1´ Bo 1´, dieselelektrisch, Simmering/ Siemens Schuckert, 1940; JW 100-4, Achsfolge B, dieselhydraulisch, Jenbacher Werke AG, 1972. Drei Maschinen sind in Aufarbeitung oder die Aufarbeitung ist geplant.

Fahrbetrieb ist während der Sommerferien in Niederösterreich (Mitte Juni bis Mitte September) Mittwoch, Samstag, Sonntag, Feiertag, jeweils drei Zugpaare von Heidenreichstein nach Alt Nagelberg. In Alt Nagelberg planmäßig Doppelein- und Ausfahrten mit Zügen der NÖVOG.

Waldviertelbahn

Bahnhofplatz 2
A-3950 Gmünd
NÖVOG-Infocenter
Tel. +43 2742/360 990-1000
info@niederoesterreichbahnen.at
www.waldviertelbahn.at

Wackelsteinexpress
Waldviertler Schmalspurbahn-Verein

Bahnhofplatz 1
A-3860 Heidenreichstein
Tel. +43 664/3 50 00 15
office@wackelsteinexpress.at
www.wackelsteinexpress.at

Höllentalbahn, Payerbach

Die Schmalspurbahn (760 mm) begann 1918 als Materialbahn für eine Papierfabrik. Der Personenverkehr wurde 1963 eingestellt, der Güterverkehr 1982. Die ÖGLB Österreichische Gesellschaft für Lokalbahnen wurde 1977 gegründet mit dem Ziel, eine schmalspurige Lokalbahn zu fördern und zu erhalten. Die ÖGLB betreibt die Höllentalbahn als Museumsbahn seit 1979, durchgehend seit 1983 auf rund fünf Kilometern; Betriebstage sind die Wochenenden Juni bis Ende August, und Oktober sonn- und feiertags. Sonderfahrten heißen zum Beispiel Mond-Weinfahrten, Theaterzug, Zweizugsamstag oder ORF – Lange Nacht der Museen. 2005 übernahm die HPG Höllentalbahn-Projekt Ges. mbH die Betriebsführung.

Die abwechslungsreiche Fahrt mit der Höllentalbahn beginnt beim Bahnhof Payerbach Ort, es folgen die Haltestellen Artzberg, Kurhaus, Reichenau, Haaberg, Hirschwang. Nach dem Start der Fahrt beginnt die Strecke mit 25 Promille zu steigen bis zum höchsten Punkt am Artzberg, später fährt der Zug in einem 270 Grad-Bogen durch den Thalhofgraben.

Wahrzeichen sind die drei elektrischen Loks E 1 bis E 3, Achsfolge Bo. Sie wurden mehrmals umgebaut, ihr Aussehen brachte ihnen den Spitznamen »fahrendes Gartenhaus« ein. Sie zählen, Baujahr 1903, zu den ältesten betriebsfähigen Elektroloks der Welt. E 1 ist in Betrieb, E 2 wegen Reparatur abgestellt, E 3 steht als Denkmal im Museumspark Payerbach.

1990 begann man, einen Triebwagen zu rekonstruieren. Seit 2005 ist der ehemalige Badner-Bahn-Beiwagen 270, gebaut bei Ringhoffer in Prag, auf der Höllenbahn unterwegs. Der vierachsige Personentriebwagen TW 1-TW 2, Baujahr 1926, wurde von 1999 bis 2004 originalgetreu wieder aufgebaut. Seit 1997 ist eine Heeresfeldbahn-Diesellok des Typs HF 130 C bezeichnet als V 2, Achsfolge C, Baujahr 1943, unterwegs. Als V 10 ist auf der Höllenbahn eine Jenbacher Diesellok, Achsfolge B, Baujahr 1959, im Einsatz.

1979 war die Höllentalbahn die einzige Museumsbahn Niederösterreichs.

Das Museum ist während der Betriebstage geöffnet, auch die Fahrzeughalle und Werkstätten in Hirschwang sowie die Umformeranlage können besichtigt werden.

Höllentalbahn

Bahnhof Reichenau an der Rax
Schlossplatz 2
A-2651 Reichenau
Bahnhof Payerbach Lokalbahn
Baurat-Schneider-Straße 7
A-2650 Payerbach
TelL +43 2666/5 24 23 12
Fahrzeughalle Hirschwang
Hans-Beran-Straße 15
A-2651 Reichenau
info@lokalbahnen.at
www.lokalbahnen.at/hoellentalbahn

Der Drei-Wagenzug fährt durch die Thalhofschleife Richtung Reichenau, im Hintergrund die Eng.

NostalgieExpress Leiser Berge

Nostalgie ExpressLeiser Berge
Regiobahn ErlebnisZug GmbH
Praterstern
A-1020 Wien
+43 660/6 41070 5
info@regiobahn.at
www.regiobahn.at
www.weinviertel.at
www.weinvierteldraisine.at

Der NostalgieExpress fährt auf der Regelspurstrecke von Wien, Praterstern über Korneuburg nach Ernstbrunn. Es ist ein Weinviertler Schmanckerlwaggon eingestellt. Und es werden Führerstandsfahrten angeboten.

Der NostalgieExpress fährt von Anfang April bis Ende Oktober samstags, sonntags und an Feiertagen, Juli und August zusätzlich freitags, Juni und September zusätzlich donnerstags und freitags. Vor dem NostalgieExpress ist die Diesellok 2143 062-5, B´B´-dh, SGP Simmering-Graz-Pauker AG, 1964, gespannt. Wenn ein Dampfsonderzug auf dem Fahrplan steht, führt die Lok 93 1420, 1´D1´ h2t, WLF Wiener Lokomotivfabrik Floridsdorf, 1928, den Zug.

Von Ernstbrunn führen ein Weg und der Naturparkbus zur Weinviertel-Draisine. Die Strecke auf der alten Bahnstrecke ist 10,7 Kilometer lang; der Personenverkehr wurde hier 1988, der Güterverkehr 1999 eingestellt. Der Draisinenbetrieb begann 2007.

Ötscherland-Express auf der Ybbstalbahn-Bergstrecke

Ötscherland-Express
Mostviertel Tourismus Ges. mbH
Information und Buchung
Töpperschloss Neubruck
Neubruck 2/10
A-Scheibbs
Tel. +43 7482/2 04 44
ybbstalbahn@lokalbahnen.at
info@mostviertel.at
www.lokalbahnen.at/Bergstrecke
www.oeglb.at

Der steile Abschnitt der Ybbstalbahn, 17,5 Kilometer lang, wurde 1898 eröffnet und verband das obere Ybbstal um Lunz am See mit Göstling an der Ybbs. Jahrzehntelang wurde diese Schmalspurstrecke (760 mm) als öffentliche Eisenbahn betrieben bis die ÖBB Österreichische Bundesbahn 1988 den gesamten Verkehr auf der Bergstrecke einstellte. Die ÖGLB Österreichische Gesellschaft für Lokalbahnen rettete mit ihrer eigenen Betriebsgesellschaft NÖLB Niederösterreichische Lokalbahnen diese Bahnstrecke vor dem Abbruch. 1990 eröffnete die ÖGLB auf der von der ÖBB gepachteten Strecke den Museumsbetrieb mit dem Ötscherland-Express. Im gleichen Jahr wurden die Dampfloks von der Höllentalbahn hierher gebracht (siehe Seite 146).

Der NÖLB gelang es 2012 den Abschnitt Lunz am See nach Göstling an der Ybbs in ihre Zuständigkeit zu bekommen. Seit 2013 läuft wieder der Bahnbetrieb mit historischen Fahrzeugen. Die Fahrt beginnt am Bahnhof in Göstling über Lunz am See, Holzapfel, Pfaffenschlag, Hühnernest, Gaming bis Kienberg. Damit ist der Ötscherland-Express mit 27 Kilometern die längste Nostalgiebahn Österreichs. Fahrtage sind die Samstage im Juni und Oktober, die Wochenenden im Juli, August und September, außerdem werden Sonderfahrten im Dezember durchgeführt. Bei der Dampflok U.1, C1 n2t, Krauss Linz, 1898, wird an der Inbetriebnahme gearbeitet; Dampflok StB 4 Molln, C1 n2t, Krauss Linz, 1890, ist die Inbetrieb-

Der Ötscherland-Express mit Lok 2093.01 auf dem Hühnernest-Viadukt.

nahme vorgesehen; Dampflok Uv.1, C1 n2vt, Krauss, Linz, 1902, ist abgestellt; Diesellok 2093.01, Bo´Bo´, Grazer Waggonfabrik, 1927/28; in Betrieb sind Diesellok 2099.01, B´B´, FAUR, Bukarest, 1985; Diesellok 2190.01, Bo, Simmeringer Waggonfabrik, 1934; Diesellok V 1, C dh, Gmeinder, 1940.

Mariazellerbahn, St. Pölten

Die Schmalspurbahn (Spurweite 760 mm) verbindet auf 84 Kilometern St. Pölten, niederösterreichische Landeshauptstadt, mit dem steirischen Wallfahrtsort Mariazell. Eigentümer und Betreiber ist seit 2010 die NÖVOG. Schon im 19. Jahrhundert war Mariazell der am häufigsten besuchte Ort Österreich-Ungarns, deshalb überlegte man schon 1858, eine Bahnstrecke von St. Pölten nach Mariazell zu bauen. 1906 wurde die Strecke für den Güterverkehr freigegeben, ein Jahr später für den Personenverkehr. Das herausragende Bauwerk der Strecke ist der Gösingtunnel, der längste Tunnel einer österreichischen Schmalspurbahn. Für die Bergstrecke wurden die Dampfloks der Reihen Mh und Mv gebaut.
Eines Tages war der Andrang der Fahrgäste so groß, dass keine Werbung mehr für diesen Zug gemacht wurde. Eduard Engelmann, Direktor des Landeseisenbahnamts, schlug Einphasenwechselstrom vor. Das war revolutionär. Bis 1911 wurde der Vorschlag von Engelmann durchgeführt, die Gesamtstrecke wurde elektrifiziert mit der weltweit einzigartigen Stromversorgung 25 Hz und 6500 Volt.
Um 2000 gab es Überlegungen, die Mariazellerbahn einzustellen. Um den touristischen Bahnverkehr zu fördern, wurde eine sanierte Zuggarnitur im neuen Design auf die Strecke geschickt. Dieser Zug, der Ötscherbär, benannt nach dem 1.893 Meter hohen Berg Ötscher, verkehrt zwischen St. Pölten und Mariazell an Samstagen vom Juni bis Ende September, und an den ersten drei Adventssamstagen. Gezogen wird der Nostalgiezug mit Speisewagen abwechselnd von der

MzB Mariazellerbahn
Bahnhofplatz 1
A-3100 St. Pölten
www.mariazellerbahn.at
NÖVOG Infocenter
Tel. +43 2742/360 990-1000
info@niederoesterreichbahnen.at
www.niederoesterreichbahnen.at

Der Ötscherbär der Mariazellerbahn unterwegs im Winter.

Mit der Dampflok Mh 6 unterwegs auf der Mariazellerbahn.

Dampflok Mh 6, D2 h2t, Krauss Linz, 1908, oder von der historischen Elektrolok 1099, C´C´, Krauss Linz/Siemens Schuckart, 1910. Anfang September gibt es einen Familientag im Ötscherbär. Ein Highlight ist die Doppeltraktion Dampflok Mh 6 und historischer Elektrolok, der ältesten Elektro-Schmalspurlok der Welt, mehrere Ötscherbär-Wagen werden mitgeführt.
Seit 2011 bilden neun moderne Niederflurtriebwagen die Flotte der Himmelstreppe der Mariazellerbahn; sie fahren ganzjährig.

Schneebergbahn, Puchberg

Puchberg ist knapp 60 Kilometer von Wien entfernt. Schon 1872 gab es Pläne für eine Zahnradbahn auf den Schneeberg. 1897 war es dann soweit, die Adhäsionsstrecke, Spurweite 1000 mm, von Wiener Neustadt nach Schneeberg wurde eröffnet. Zu Beginn des Jahres 1899 übernahm die k.k. priv. EWA Eisenbahn Wien-Aspang sämtliche Anlagen sowie die Betriebsführung der Schneebergbahn. 1945 bis 1947 führten die Österreichischen Staatseisenbahnen den Betrieb weiter, 1947 bis 1996 die ÖBB Österreichischen Bundesbahnen. 1999 kamen zum ersten Mal neben den traditionellen Dampfzügen auch die neuen Salamander-Triebwagen zum Einsatz am Schneeberg. 2009 wurde der neue Bergbahnhof Hochschneeberg in Betrieb genommen; er ist in 1.800 Meter Höhe der höchste Bergbahnhof Niederösterreichs. Seit 2012 ist die Niederösterreichische Schneebergbahn GmbH 100%ige Tochtergesellschaft der NÖVOG.
Zur Schneebergbahn gehören fünf Dampfloks, wovon zwei im Einsatz sind: 999.02, Baujahr 1896, und 999.05, Baujahr 1900, Bauart B1 n2zt, Krauss Linz. Die Strecke ist zehn Kilometer lang: Bahnhof Puchberg am Schneeberg, Hengsttal, Hengsthütte, Baumgartner, Hochschneeberg auf 1.800 Meter Höhe.
Der moderne Salamanderzug fährt zwischen Ende April bis Ende Oktober, der Nostalgie-Dampfzug von Mitte Mai bis Ende Oktober an jedem 2. Sonntag.

Mit der Dampflok 999.03 von 1896 hinauf auf den Schneeberg.

Schneebergbahn
Bahnhofplatz1
A-2734 Puchberg am Schneeberg
www.schneebergbahn.at
NÖVOG Infocenter
Tel. +43 2742/360 990-1000
info@noevog.at
www.schneebergbahn.at

Dampf auf der Schneebergbahn: Lok Z 2 dampft vor der Station Hochschneeberg am Strecken-km 9,2 am 7. Oktober 2024 bergwärts.

NÖSBB
Z.2
Klosterwappen

Museums-Lokalbahn Zwettl

MLV Museums-Lokalbahn Verein Zwettl
Bahnhofstraße 31
A-3910 Zwettl
Tel. +43 664/88 37 89 67
museum@lokalbahnverein.at
www.lokalbahnverein.at

Die normalspurige Lokalbahn Schwarzenau-Zwettl wurde1896 durch die AG Localbahn Schwarzenau-Zwettl eröffnet. Der Abschnitt Zwettl-Martinsberg nahm 1906 den Betrieb auf. Wegen geringer Auslastung wurde der Personenverkehr zwischen Zwettl und Martinsberg-Gutenbrunn 1986 eingestellt. Im Jahr 1988 gründete sich der MLV Museums-Lokalbahn Verein Zwettl (früher Martinsberger Lokalbahnverein). Der Verein residiert im Heizhaus Zwettl und hat es sich zur Aufgabe gemacht, Sonderzüge mit historischen Lokomotiven und Waggons durchzuführen sowie ein Museum einzurichten.

Die Dampflok 92.2271 von 1919.

Sonderfahrten finden am Ostersonntag, Pfingsten an einem Sonntag Juni, August, einem Samstag im September, Adventsfahrten im Dezember statt. Die Strecke von Zwettl nach Schwarzenau ist 21 Kilometer lang, von Schwarzenau nach Waidhofen/T. neun Kilometer und von Zwettl nach Waldhausen 14 Kilometer. Bei den jeweiligen Einsätzen können die Fahrzeuge besichtigt werden.
Betriebsfähig ist die Dampflok 92.2271, D, Krauss Linz, 1919; die Diesellok 2160.02, B, Jenbacher Werke, 1960; die Diesellok V 20, B, Klöckner Humboldt Deutz, 1943.

Majestic Imperator Train de Luxe, Klosterneuburg

Im 19. Jahrhundert wurden für europäische Herrscherhäuser luxuriöse Züge hergestellt. Es entstanden einzigartige rollende Paläste. In Prag wurde der kaiserliche Hofzug Österreich-Ungarns 1891 von der Waggon- und Lokomotiv-Fabrik Franz Ringhoffer, Prag, gebaut. Die beiden Weltkriege im letzten Jahrhundert waren verantwortlich für die Zerstörung zahlreicher Waggons, lediglich einer blieb erhalten. Dieser Waggon kann heute im Prager Technischen Museum bewundert werden.
Claudius von Klaudy, der Direktor für Hof-Eisenbahnen seiner Apostolischen Majestät Kaiser Franz Josef, war auch für die komfortable und sichere Reise der Kaiserfamilie verantwortlich. So sorgte er dafür, dass jeden Morgen gegen 6.30 Uhr der Zug langsam fuhr, weil sich der Kaiser um diese Zeit rasierte. Der Direktor, mit vielen Orden und Auszeichnungen geehrt, ließ es sich nicht nehmen, ab und zu den kaiserlichen Zug persönlich durch die Nacht zu fahren. Auch Kaiserin Elisabeth, genannt Sisi, liebte das Reisen mit dem prächtigen Zug. Die Originalbaupläne blieben erhalten und so dienten diese Pläne als Vorbilder für den Majestic Imperator Train de Luxe.

Ein Bild wie damals: Kaiser Franz Josef mit seiner Sisi im Majestic Imperator Train de Luxe.

Nachdem der erste Waggon, Salon 1, auf erfolgreiche Reise ging, wurden weitere Waggons umgebaut: Nach Salon 1 (Speisewagen) folgten die Waggons Franz Josef (Speisewagen), Equipage (Sisis Hofsalonwagen), Ambassador (Speisewagen), Excelsior (Speise- und Unterhaltungswagen), Salon Elisabeth (wurde ihr zu Ehren gewidmet) und Fourgon (Versorgungswagen). Jeder Salon wurde anders gestaltet und sie alle bieten insgesamt 150 Reisenden Platz. Trotz üppiger Brokatvorhänge und stilvollen Fauteuils, fährt der Zug mit modernster Technik. Bei Charterfahrten wird der Zug auf Wunsch auch von historischen Loks gezogen wie von der Dampflok 310.23, 1´C2´ h4t, von der Staats-Eisen-

Le Majestic mit der Lok 310.23 geht auf große Fahrt.

Majestic Imperator Train de Luxe, Klosterneuburg
Inkustraße 1-7
A-3400 Klosterneuburg
Tel. + 43 1513/ 28 81
office@majestic-train.com
marketing@majestic-train.com
www.majestic-train.com

bahn-Gesellschaft, 1911. Sonderfahrten führen zu reizvollen Zielen wie Wien, Weltkulturerbe Semmering, in die Wachau, nach Prag, Budapest, Venedig oder München. Die Fahrgäste werden auf dem Bahnsteig mit einem Glas Sekt begrüßt, bevor die Reise beginnt.

Blauer Blitz, Wien

Schnellzug-Dieseltriebwagen der Reihe 5045 und 5145 der ÖBB werden als Blauer Blitz bezeichnet.
Zwischen 1952 und1956 baute die Firma SGP Simmering-Graz-Pauker in Wien zwölf Exemplare der Reihe 5045. Vier weitere Wagen wurden später von der ÖBB übernommen und erhielten die Bezeichnung 5145. Später wurden auch die anderen 5045 technisch den 5145 angeglichen und erhielten die Bezeichnung 5145. Die normalspurigen Fahrzeuge wurden im nationalen und internationalen Schnellzugverkehr eingesetzt. Als Triebwagenschnellzüge (TS) wurden »Venezia« zwischen Wien und Venedig und der »Vindobona« auf der Strecke Wien–Prag–Berlin bekannt. Lange Zeiten waren die Triebwagen auch zwischen Wien und Villach und Wien und Graz unterwegs; zuletzt im niederösterreichischen Weinviertel. 1997 sind die letzten 5145 ausgeschieden. Der Club Blauer Blitz hat es sich zur Aufgabe gemacht, die Triebwagen 5145.11, 5145.14, 5145.01 und die Wagen 7645.02, 7645.06, 80 81 97 32-941 und 6645.02 zu erhalten. Der Triebwagen VT 5145.11, B´2´, 1954, wurde von den Mitarbeitern der Zugförderungsleitung Wien Ost (heute Club Blauer Blitz) in den Zustand von 1961 gesetzt. Dieser, wieder auf Hochglanz gebrachte Triebwagen wird für nostalgische Sonderfahrten eingesetzt und erinnert an die große Zeit des Blauen Blitzes.
Sonderfahrten vom Blauen Blitz werden von der Austrovapor Bahn-Nostalgie im Auftrag des Eisenbahnmuseums Strasshof durchgeführt. Dazu gehören das Andampfen Anfang April, die Fahrt zur Mariazellerbahn, die Nostalgiefahrt zum Vatertag, Fahrten nach Bratislava, nach Ungarn, Nostalgiefahrt zu verschiedenen Museen.

Der Blaue Blitz in Krumpendorf am Wörthersee.

Club Blauer Blitz
Verein zur Erhaltung der
Baureihe VT 5145
Leystr. 41/1/10
A-1090 Wien
Tel. +43 660/3 25 89 68
verein@blauer-blitz.at
www.club-blauer-blitz.com
Austrovapor Bahn-Nostalgie
Veranstaltungs-Ges. mbH
Sillerstr. 123
A-2231 Strasshof
Tel. +43 650/361 42 38

B&B Blue Train, Wien

Die unterschiedlichen Züge mit verschiedenen luxuriösen Salonwagen (Salon Deluxe, Salon Bleu, Salon Rouge, Salon Noir, Salon 1, Salon Lounge, Salon Paris, Discowagen und andere) werden auf der Regelspurstrecke gezogen von folgenden Dampflokomotiven: 50.1171, 1´E h2, Skoda 1942, bis 1972 Eigentum der ÖBB, gehört seit 1994 B&B; 52.1227, 1´E h2, DWM (HCP), 1944, 1988 von B & B erworben; 52.7612, 1´E h2, WLF, 1944, 1944 bis 1949 bei der Deutschen Reichsbahn, 1979 ausgemustert, seit 1980 bei B & B; 919.138, 1´D1´ h2, Cegielski, 1949, 1989 in Polen von B&B gekauft und umgebaut, sie ist die schnellste und stärkste Dampfschnellzuglok Österreichs und eine der stärksten Europas.
Erlebnisfahrten mit den historischen Dampfloks führen zum Beispiel an einem Osterwochenende nach Krakau, am Muttertag zu den Kittenberger Erlebnisgärten mit Muttertagskonzert, ein Wochenende nach Opatija / Kroatien, zum Narzissenfest im Ausserland; Wochenendreisen nach Slowenien und Kroatien, zum Kaiserfest nach Bad Ischl, Tagesfahrt zur österreichischen Flugschau in Zeltweg, verschiedene Adventsfahrten.

Die Dampflok 50.1171 wurde 1942 von Skoda gebaut.

B&B Dampflokomotiven Betriebsgesellschaft mbH
Schanzstraße 39
A-1140 Wien
Tel- +43 664 / 8 22 66 35
info@bb-bluetrain.at
www.bb-bluetrain.at

Stainzer Flascherlzug, Stainz

Die schmalspurige Lokalbahn (760 mm) wurde 1892 eröffnet; Ausgangspunkt war der Bf Preding-Wieselsdorf. 1971 begann der Flascherlzug mit seinen Sonderfahrten, Ausgangspunkt war nun der Bf Stainz. Die Marktgemeinde Stainz ist Besitzer und Betreiber des Zugs.
Und so kam der Zug zu seinem Namen: Vor langer Zeit wurde Johann Reinbacher (1866 – 1935), von den Einheimischen »Höllerhansl« genannt, als Wunderdoktor in Österreich und über die Grenzen bekannt. So ergab es sich, dass von überall her kranke Menschen mit einem Flascherl Urin und meist mit der Stainzer Bahn zum Höllerhansl fuhren, der aus dem Urin die Krankheiten erkannte und mit Kräutertee behandelte.
Der Flascherlzug (Spurweite 760 mm) startet am Bahnhof in Stainz und fährt 11,4 Kilometer von dort über Herbersdorf, Neudorf, Kraubath nach Preding-Wieselsdorf und zurück.
Planmäßige Fahrten mit dem Flascherlzug gibt es ab 1. Mai bis Ende Oktober, mittwochs, sams-, sonn- und feiertags und jeden Donnerstag. Darüber hinaus finden Sonderfahrten statt wie Saisoneröffnung, Ostereiersuchen, Muttertagsfahrt, Vatertagsfahrt, Junkerfahrt, Nikolozug, Christkindlzug, Silvesterfahrt. An je-

Der Flascherlzug dampft durch den Winter.

dem fahrplanmäßigen Zugbetrieb kann eine Führung übers Bahnhofsgelände gebucht werden. Außerdem kann der Zug gechartert werden, auch mit einem Buschenschank-Wagen.
Heute werden die bunten Personenwagen von der Dampflok 764.007, D n2t, Lokomotivfabrik Reghin, Rumänien, 1958 gezogen. Die zweite Dampflok ist die 764.411, D n2t, Lokomotivfabrik Reghin, aus Rumänien, 1986. Zum Fuhrpark gehören außerdem vier Dieselloks: Mk 48-2019, Maschinenfabrik Györ, Ungarn, 1961; MV-8, Nr. 25429, O&K, 1954; L 45H-70 Rumänien; Deutz

OMZ-122, 1940; sowie zwei Dienstwagen von 1982 und 1902 und 22 Güterwagen von 1893 bis 1971. Neben dem Waggon »Höllerhansl«, gibt es u. a. die »Bergliesl«, das »Kräuterwagerl«, »Herzog Johann« und die »Schilcherschaukel« mit Ausschank, damit sich die Reisenden mit Schilcher, einem Roséwein aus der Steiermark, und Verhackertbroten stärken können.

Stainzer Flascherlzug
Bahnhostraße 28
A-8510 Stainz
Tel. +43 664/9 61 52 05
zug@flascherlzug.at
www.flascherlzug.at

Breitenauerbahn, Bruck

Der deutsche Industrielle Carl Spaeter betrieb ab 1906 in Breitenau (Steiermark) einen Magnesitbergbaubetrieb mit Verhüttung. Schon bald waren die Grenzen des Abtransports ersichtlich, eine elektrische schmalspurige Kleinbahn (760 mm) wurde geplant und 1913 fuhr der erste Personenzug. 1966 wurde der Personenverkehr eingestellt, ab 1988 die Strecke saniert. Neben den Güterzügen an Werktagen für den Magnesitabtransport verkehren auf der Strecke Mixnitz-Bärenschutzklamm–St. Erhard Nostalgiezüge.
Der Verein Freunde der Breitenauerbahn wurde 2007 gegründet. Ziel des Vereins ist die Organisation von Nostalgiezügen auf der 1913 errichteten schmalspurigen Lokalbahn ab Bf Mixnitz-Bärenschützklamm nach St. Erhard. Dies geschieht in Zusammenarbeit mit dem Bahnbesitzer der RHI MAGNESITA. Der Verein unternimmt auch an Nostalgiefahrten auf dem Schienennetz der ÖBB teil.
Saison der Breitenauerbahn ist von Ende April bis Anfang September. Sie beginnt im April mit der Saisoneröffnung und »Zugüberfall«, im Juni Zugpferdetreffen in der Breitenau, im Juli Kinder- und Jugendtag auf der Breitenauerbahn und endet mit dem Saisonschluss auf der Schmalspur. Die Haltestellen sind: Mixnitz Lokalbahn, Bahngasse, RHI Breitenau. Die Streckenlänge beträgt 10,4 Kilometer.
Die beiden zweiachsigen Elektroloks E 1 und E 2 lieferte 1913 die AEG. Davon ist die E 2 noch betriebsfähig, die E 3 stammt aus dem Jahr 1957. Vorhanden sind auch zwei vierachsige, Bo´Bo´, 1957 und 1963 von ÖAMG und BBC gebaute Elektroloks. Für die Nostalgiezüge sind zwei zweiachsige Personenwagen und ein Sommerwagen vorhanden; der Güterverkehr wird hauptsächlich mit Flachwagen zum Palettentransport abgewickelt.

Freunde der Breitenauerbahn
Kontakt: Peter Schlagbauer
Übersteinerstraße 14
A-8600 Bruck/Mur
Tel. +43 676/5 31 37 25
reservierung@breitenauerbahn.at
office@breitenauerbahn.at
www.breitenauerbahn.at

Mit der E 3 auf der Breitenauerbahn.

Feistritztalbahn, Weiz–Birkfeld

Auf der Feistritztalbahn geht es beschaulich zu.

Die Feistritztalbahn wurde 1911 eröffnet und ist die einzige Lokalbahn Österreichs, die ohne staatliche Unterstützung gebaut wurde. Die ursprüngliche schmalspurige, 760 mm, Lokalbahn AG Weiz-Birkfeld beauftragte die k.k. österreichischen Staatsbahnen mit der Betriebsführung der Bahn. 1922 wurde die Verlängerung nach Ratten eröffnet, 1930 die vom Land Steiermark erworbene Industrieschleppbahn Birkfeld-Ratten als öffentliche Bahnlinie der Lokalbahn Weiz-Birkfeld dem Verkehr übergeben. Zwischen Birkfeld und Ratten wurde der Personenverkehr 1971 und der zwischen Weiz und Birkfeld 1973 eingestellt; die Gleisanlagen von Birkfeld nach Ratten wurden 1981 abgetragen und in einen Radweg verwandelt. 1971 ist ein fahrplanmäßiger Bummelzugverkehr mit Dampflok fester Bestandteil des touristischen Angebots der Region. Der Bummelzugbetrieb wird seit 1994 durch den »Club U44, Freunde der Feistritztalbahn« organisiert, Streckenlänge 23,9 Kilometer.

Dampflokfahrten finden von voraussichtlich Ende Juli bis Ende Oktober jeden Samstag statt zwischen Birkfeld, Koglhof, Anger, Oberfeistritz, Peesen und Weiz oder umgekehrt. Diesellokfahrten voraussichtlich von Mitte Juli bis Anfang August. Sonderfahrten gibt es als: Fahrt in den Frühling im März, an Christi Himmelfahrt, Pfingstmontag. Die Dampflok Kh 101, E h2t, Krauss Linz, 1924 ist im Einsatz. Die Dampflok U 7 befindet sich in Aufarbeitung. Betriebsbereit sind die Diesellok JW 200 (blaue Lackierung); Diesellok Jung (orangefarbene Lackierung); Diesellok VL 12 (rot-grün-weiße Lackierung); Diesellok VL 8 (orangefarbene Lackierung).

FTB Feistritztalbahn Betriebsges. mbH
Bahnhofstr. 22
A-8190 Birkfeld
Tel. +43 664/88291066
office@feistritztalbahn.at
www.feistritztalbahn.at

Murtalbahn, Murau

Der Dampfzug im Murtal.

Am 27. August 1893 wurde mit dem Bau der Murtalbahn begonnen, schon am 7. Oktober 1894 war die 76,23 Kilometer lange Strecke zwischen Unzmarkt in der Steiermark und Mauterndorf im Land Salzburg fertiggestellt. Die Spurweite beträgt 760 mm, die als Bosnische Spurweite bezeichnet wird, weil im damaligen Österreich-Ungarn vor allem in Bosnien diese Spurweite gebräuchlich war. Die Murtalbahn war die erste österreichische Bahn, auf der das telefonische Zugmeldeverfahren zwischen den Bahnhöfen und den Zügen eingesetzt wurde.

Zwischen 1973 und 1982 wurde der Zugverkehr von den StLB Steierische Landesbahnen, die inzwischen die Bahn betreiben, auf dem Teilstück Tamsweg-Mauterndorf eingestellt. Die Streckenlänge beträgt nun 66 Kilometer.

Der moderne Zugverkehr wird mit Dieseltriebfahrzeugen durchgeführt. Aber seit 1968 gehen die beliebten Dampfbummelzüge zwischen Murau über St. Lorenzen und Stadl an der Mur bis Tamsweg auf der 37,4 Kilometer langen Teilstrecke auf Fahrt. Fahrtage sind jeden Dienstag von Mitte Juni bis Anfang September, jeden Donnerstag von Ende Juni bis Mitte September, jeden Sonntag von Ende Juli bis Ende August. Eine besondere Attraktion auf der Murtalbahn sind die Amateurlokfahrten, bei denen jede und jeder Lokführer sein kann. Sonder- und Charterzüge können gebucht werden. In die Züge eingestellt sind der grüne Buffetwagen »Steirerbar« und der ehemalige Salonwagen Kaiser Franz Josefs, der rote »Murtalbar«-Wagen.

Der Murtal-Dampfzug mit Lok Bh1 von 1892.

Der Club 760 der Freunde der Murtalbahn unterstützt die Dampfzugfahrten. Von den Dampfloks ist die »Stainz 2«, B h2t, Krauss Linz, 1892, nicht betriebsfähig. Die anderen vier sind im Einsatz: Bh1, C1 h2t, Krauss Linz, 1892; U 11, C1 2nt, Krauss Linz, 1894; U 40, C1 h2t, Wiener Neustadt, 1980; U 43, C1 h2t, Krauss Linz, 1913.

Murtalbahn
Club 760 - Verein der Freunde der Murtalbahn
Bahnhofviertel 5
A-8850 Murau
Tel. +43 - 676/840011116
Tel. +43 316/8125810
murtalbahn@steiermarkbahn.at
www.steiermarkbahn.at

StLB Steiermärkische Landesbahnen
EggenbergerStraße 20
A-8020 Graz
Tel. + 43 316/8125810
office@steiermarkbahn.at
www.steiermarkbahn.at
Kontakt Murtalbahn:
Reisebüro Murau
Bahnhofviertel 4a
A-8850 Murau
Tel. +43 3532/22 33

Taurachbahn, Mauterndorf

Nach der bosnischen Spurweite 760 mm gab sich der 1969 gegründete Verein zur Unterstützung der Murtalbahn den Namen Club 760. Die Teilstrecke Tamsweg-Mauterndorf über St. Andrä, Lintsching, Mariapfarr und Zwischenhalten, 11,7 Kilometer lang, wurde 1977 und 1981 endgültig eingestellt. 1982 pachtete der Club diese Strecke und gründete die Taurachbahn Studiengesellschaft mbH, die sich schließlich Taurachbahn-Gesellschaft mbH nannte. Am 9. Juli1988, nach Sanierung der Strecke und nach Errichtung einer 700 Meter langen Neubaustrecke, konnte der Dampfzugbetrieb aufgenommen werden.
Fahrtage sind Ostern, 1. Mai, Frei-, Sams- und Sonntage von Juni bis September. Zudem gibt es Sonder- und Charterfahrten.
Eine große Sammlung von Wagen und Lokomotiven hat sich zusammengefunden. Betriebsfähige Loks sind die Dampfloks » Mariapfarr« 298.56, C1 n2t, Floridsdorf, 1900; »Lungau« 699.01, D h2, Franco-Belge, 1944; Z 6, C h2t, Krauss Linz, 1893; S 12, C1 n2t, Krauss Linz, 1906; und die Dieselloks 2091.03, 1Bo1, Krauss Linz, 1936; VL Braubach, B, Spor, 1963.

Winterdampfzug mit der Lok 298.56 von 1906.

Taurachbahn
Club 760 - Verein der Freunde der Murtalbahn
Markt 153
Bahnhofstraße 153 (Taurachbahn)
A-5570 Mauterndorf
Tel. +43 664/5 75 12 15
info@club760.eu
www.club760.at
info@taurachbahn.eu
reservierung@taurachbahn.at
www.taurachbahn.eu

Erzbergbahn, Vordernberg

Die normalspurige Bahnstrecke von Leoben nach Vordernberg wurde 1872, von Hieflau nach Erzberg 1873 eröffnet. 1891 war die Strecke von Vordernberg über den Präbichl (1.204 Meter NN) fertiggestellt. Zuerst wurde der Güterverkehr aufgenommen, ein Jahr später der Personenverkehr. Ab 1971 stellte man den Zahnradbetrieb auf einen reinen Adhäsionsbetrieb mit Schienenbussen und Dielselloks um. Die letzte Diesellok mit Zahnradantrieb fuhr zum letzten Mal am 30. September 1978, der letzte Dampfzug über die Erzbergbahn am 6. Dezember des gleichen Jahres. Der Güterverkehr, hauptsächlich Erz vom Erzberg nach Leoben über den Präbichl, wurde 1986 eingestellt.

Der Verein Erzbergbahn gründete sich 1975, er führt seit 1990 den Museumsbahnbetrieb auf der Bergstrecke zwischen Vordernberg Markt und Eisenerz durch. Die Streckenlänge beträgt 20 Kilometer. Sie gilt als steilste Normalspur in der EU.

Das Museum im Bahnhof Vordernberg Markt ist an den Planfahrtagen vor und nach den Zugfahrten sowie nach telefonischer Vereinbarung geöffnet. Planfahrten gibt es an Sonntagen in den Sommermonaten, außerdem finden Sonderfahrten statt, zum Beispiel Fotofahrten, Mondscheinfahrten, Sonnwendfahrten, Bierfahrten.

Zum Fuhrpark gehören vier Dieseltriebwagen: 5081.562 bis 565 von SGP in Lizenzbauweise (Uerdinger Schienenbus), Mitte der 60er Jahre des vorigen Jahrhunderts. Außerdem gehören zum Fuhrpark vier Motorbahnwagen (Draisinen), zwei Motorkarren Jenbacher Büffel, eine dreiachsige Diesellok 603.10, ehem. Voest-Linz-Werklok, 1961. Etwas Besonderes ist der Bahnpostwagen von 1983, er war bis 2001 in Betrieb. Nun ist er der letzte Bahnpostwagen, der noch vollständig eingerichtet ist. In ihm befinden sich auch zwei Filmstationen. Die stärkste Zahnradbahnlok der Welt, die 297.401, 1F1, Floridsdorf 1941/42, steht als Denkmal am Bf Vordernberg Markt. Ebenso die 97.217, neu lackiert 1993.

Triebwagen der Erzbergbahn am Hochbruckengrabenviadukt.

Verein Erzbergbahn
Hauptstraße 140
A-8794 Vordernberg
Tel. +43 664/5 08 15 00
office@erzbergbahn.at
www.erzbergbahn.at

Gleichenberger Bahn, Feldbach

Schon 1886 gab es Überlegungen zu einer Bahnlinie zwischen Feldbach und Bad Gleichenberg. Die Landesbahn Feldbach–Bad Gleichenberg wird auch Lokalbahn Feldbach–Bad Gleichenberg oder Gleichenberger Bahn genannt. Die normalspurige Strecke in der Steiermark wurde dann aber erst 1931 eröffnet und misst 21 Kilometer. Betreiber und Eigentümer sind die StLB Steiermärkische Landesbahnen. Die Strecke überwindet eine Steigung bis zu 42 Promille und gehört damit zu den steilsten Adhäsionstrecken in den Alpen.

Der Elektrotriebwagen E 1 von 1930 als Dschungelexpress.

Die Elektrolok E 41 von 1930.

Von der Bevölkerung wird die Bahn auch Dschungelexpress genannt, weil sie durch grüne Wälder und Wiesen, über Hügel und durch Täler führt.
Die Züge fahren ab Ende März sams-, sonn, feiertags bis Ende November von Feldbach Bf nach Bad Gleichenberg Bf und zurück. Sonderfahrten tragen so hübsche Namen wie »Klänge der Natur«, »Steirische Landpartie«, »Sternderlzüge«, »Wandern & Radfahren«, »Wandern mit der Gleichenberger Bahn«. Sonderzüge können auch gechartert werden.
Der Fuhrpark besteht aus zwei Elektrotriebwagen, ET 1 und ET 2, Bo´Bo´, Grazer Waggonfabrik, 1930, sie wurden nach Überarbeitung und Modernisierung 1980 bzw. 1996 wieder in Betrieb genommen. 2002 wurde die Elektrolokomotive E 41, Bo´Bo´, AEG 1930 umgebaut und mit einer Funkfernsteuerungsanlage ausgestattet.

Gleichenberger Bahn
Standort Feldbach
Peter-Rosegger-Straße 25
A-8330 Feldbach
Tel.+43 316/812581-704
gleichenbergerbahn@steiermark.at
office@stlb.at
www.steiermarkbahn.at

Pinzgauer Lokalbahn, Zell am See

Die Schmalspurbahn (760 mm) wurde 1898 im Bundesland Salzburg eröffnet. Zu Beginn verkehrten auf der Pinzgauer Lokalbahn (früher Pinzgaubahn oder Krimmler Bahn) zwei Personenzüge, wobei einer hauptsächlich den Güterverkehr übernahm. Die Krimmler Wasserfälle sorgten für ein hohes touristisches Fahrgastaufkommen. Das ist auch heute noch so; neben Pendlern, Schülern und Güterverkehr ist der Tourismus mit dem historischen Dampfzug und dem Nationalparkzug für Radler ein wichtiger Aspekt dieser Bahn. Die ehemalige ÖBB-Strecke wird heute von der Salzburg AG unter der Bezeichnung SLB Salzburger Lokalbahn betrieben. Die Strecke ist rund 53 Kilometer lang und verläuft im Tal der Salzach zwischen Zell am See und Vorderkrimml durch die Hochgebirgsregion des Salzburger Pinzgaus nach Krimml.
Die historischen Dampfzüge (Nostalgiefahrten) verkehren mittwochs und donnerstags Ende Mai bis Ende September (Sommerdampfzüge), der Nikolausdampfzug einmal im Dezember,
Christkindldampfzug am 24. Dezember, der Winterdampfzug donnerstags vom 27. Dezember bis 3. Januar und vom 10. Januar bis 28. März, Silvesterdampfzug am 31. Dezember.
Zum Fuhrpark gehören eine Diesellok Verschub (Vs 51); vier Altbaudiesellok (Vs 71-74, wobei die Vs 74 nicht betriebsfähig ist); vier Wendezug-Diesellok (Vs 81-84); sechs Triebwagen (VTs 12-17); vier Dampfloks (Ds 2-4 und Ds 9, davon betriebsfähig Ds 3 als Mh 3, D h2t, Krauss Linz, 1906) und Ds 9 vom Club 760 gemietete Schnellzuglok JZ 73.019, 1´C1´h2, MAVAG Budapest, 1913, sowie ein Oberbaubahnwagen (Xx 91).

Die Altbau-Diesellok Vs 71.

Pinzgauer Lokalbahn
SLB Salzburger Lokalbahn
Brucker Bundesstraße 21
A-5700 Zell am See
+43 6562/4 06 00
pinzgauerlokalbahn@salzburg.-ag.at
www.pinzgauerlokalbahn.at

SchafbergBahn, St. Wolfgang

Im 19. Jahrhundert ließen sich noble Bürger von »Sesselträgern« von St. Wolfgang aus auf den Schafberg tragen. 1892 erstand der Plan einer Bahn auf den Schafberg; es wurde die SKGLB Salzkammergut Lokalbahn Gesellschaft gegründet. Baumatetrial und Verpflegung mussten mit Maultieren auf den Berg geschafft werden. Die erste Lok, die Z 1, wurde zerlegt mit Schlitten von Ischl nach St. Wolfgang gebracht und wieder zusammengebaut. Am 31. Juli 1893 erreichte der erste Zug die Spitze des Schafbergs. Am nächsten Tag wurde die Bahn eröffnet. 1932 kaufte das Österreichische Verkehrsbüro die Bahn, seit 1938 gehörte sie zur Deutschen Reichsbahn und nach dem Zweiten Weltkrieg zur ÖBB. 2006 übernahm die SKGB Salzkammergutbahn als Tochter der Salzburg AG sowohl die SchafbergBahn als auch die WolfgangseeSchifffahrt. Hauptsächlich sind Neubaudampfloks von Mitte Mai bis Anfang November täglich im Einsatz. Für Nostalgiefahrten werden die noch vorhandenen Originalmaschinen vom Ende des 19. Jahrhunderts eingesetzt; sie gehören zu den ältesten weltweit in Betrieb befindlichen Zahnrad-Dampflokomotiven. Bei schlechtem Wetter können Züge ausfallen.

Die Fahrzeit der Strecke beträgt rund 30 Minuten, nach 4,2 Kilometer ist die Schafbergalm auf 1.363 Höhenmetern erreicht. Nach weiteren 10 Minuten und 1,6 Kilometern hat der Zug die Schafbergspitze auf 1.732 Metern Höhe erklommen. Wanderer benötigen von der Alm bis zur Schafbergspitze rund 60 Minuten.

Der Fuhrpark der SchafbergBahn besteht aus sechs Nolstalgie-Dampfloks, Z 1-Z 6, 21´ zz, Krauss Linz, 1893 und 1894; vier Neubau-Dampfloks, Z 11-Z 14, 21´ zz, SLM Winterthur, 1992/1995; einem Dieseltriebwagen, Z´B´, SGP, 1964; zwei dieselelektrischen Loks, VZ 31, VZ 32, Bo zz, Stadler, 2010 und 2016; 15 Personenwagen und fünf Güterwagen.

Mit dem Punschwagen im Advent unterwegs am Schafberg.

SchafbergBahn
Salzkammergutbahn GmbH

Markt 35
A-5360 St. Wolfgang
Tel. +43 6138/22 32 0
info@5schaetze.at
www.5schaetze.at

Rosentaler Dampfzüge, Histotram, Ferlach

Lendcanaltramway, Klagenfurt

Der Verein NBiK Nostalgiebahnen in Kärnten entstand 1990. Er betreibt die Rosentaler Dampfzüge, die Histotram und die Lendcanaltramway. Im Fahrpreis für die Rosentaler Dampfzüge ist die Fahrt mit der Histotram und der Lendcanaltramway sowie der Eintritt ins das Verkehrsmuseum Historama enthalten. Betriebstage für die Dampfzüge und die Tram sind ein Wochenende Anfang Juli, jeden Sams- und Sonntag von Mitte Juli bis 1. September, im Advent finden Nikolausfahrten ab Bf Ferlach statt, ein Spezialwochenende findet Anfang September statt, dann verkehren statt des Dampfzugs historische Autobusse zwischen dem Bf Weizelsdorf und Bf Ferlach. Mehrere Straßenbahngarnituren sind ebenfalls im Einsatz. Außerdem finden verschiedene Sonderfahrten in Kärnten, Salzburg und in der Steiermark statt.

1991 fuhren die ersten Rosentaler Dampfzüge auf der Lokalbahn Ferlach–Weizelsdorf mit gemieteten Fahrzeugen, bald darauf kam es zum Ankauf der Dampflok KDL 8 SBS 03 (heute 88.103), Achsfolge B, 1941, von der ÖGEG. Die normalspurige Strecke misst sechs Kilometer vom Bf Weizelsdorf zum Bf Ferlach, wo die Fahrgäs-

Die Dampflok 88.103 von 1941.

te mit der Histotram oder mit Oldtimerbussen zum Verkehrsmuseum Historama gefahren werden. Zum Fuhrpark gehören unter anderem die Dampflok 93.1332, 1´D1´, 1927; die Diesel-Verschublok 2061.201 von 1969; die Diesellok 383.10 von 1957; Aussichtswagen, Bufettwagen und zahlreiche Personenwagen.

Rosentaler Dampfzüge
Rosentaler Straße
A-9162 Weizelsdorf

Histotram

Die normalspurige Strecke der Histotram vom Bh Ferlach zum Museum Historama ist 1,6 Kilometer lang. 2009 nahm der Verein Nostalgiebahnen in Kärnten das erste Teilstück der Histotram in Betrieb. Somit können die Fahrgäste von der Endstation der Rosentaler Dampfzügen (siehe oben) mit einem Oldtimerbus oder der Histotram zum Historama zu fahren. Das Museum Historama in Ferlach ist das zweitgrößte Verkehrsmuseum Österreichs. Zum Fuhrpark der Histotram gehört zum Beispiel die Dampfstraßenbahn »Adele« aus dem Jahr 1888 aus Ungarn, die Triebwagen BiET 104 von 1912, DÜWAG 437 von 1960, und Beiwagen.
Betriebstage der »Adele«: Mitte Juni Bierspezialitätenfahrt, ein Wochenende Mitte Juli Oldtimerfest »Nostalgie total«, ein Samstag im Oktober, Betriebstage in Kombination mit Nostalgieerlebnis Rosental (siehe oben). Die Fahrt mit der Histotram und der Museumseintritt Historama sind im Fahrpreis der Rosentaler Dampfzüge enthalten.

Histotram
Bahnhofstraße 6
A-9170 Ferlach
Tel. +43 664/ 5 30 19 33
www.nostalgiebahn.at

Lendcanaltramway & Klagenfurter Stadtverkehrs- und Kinomuseum

Die Museumstramway am Lendkanal in der Nähe des Wörther Sees fährt rund 0,7 Kilometer auf der Spurweite 1000 mm ins Landschaftschutzgebiet Lendspitz. Ausgangspunkt ist das Buffet »Zur Tramway«. Im Anschluss an die nostalgische Fahrt kann das Klagenfurter Stadtverkehrs- und Kinomuseum besichtigt werden. Fahrtage sind von Ende Juni bis Ende August jeden Sams-und Sonntag sowie im Oktober zur Langen Nacht der Museen mit geänderten Öffnungszeiten. Betreiber der Museumsbahn ist seit 1976 der Verein Nostalgiebahnen in Kärnten. Die Tram fährt nur bei schönem Wetter.

Lendcanaltramway & Klagenfurter Stadtverkehrs- und Kinomuseum
Wilsonstraße 37
A-9020 Klagenfurt am Wörthersee

Die Lendcanaltramway mit Triebwagen Tw 25 von 1988 in Klagenfurt.

Rosentaler Dampfzüge
Histotram
Lendcanaltramway
Verein Nostalgiebahnen in Kärnten
Tel.+ 43 664/ 5 3019 33
office@nostalgiebahn.at
www.nostalgiebahn.at

Gurkthalbahn

Die Schmalspurstrecke (760 mm) in Kärnten ging 1898 in Betrieb und wurde 1974 als erste österreichische Museumsbahn Vorbild für viele weitere Projekte. Die Strecke war damals 28,9 Kilometer lang und führte von Treibach-Althofen nach Kleinglödnitz. Zum Einsatz kamen damals bei dem planmäßigen Schienenverkehr drei von Krauss Linz gebaute Tenderlokomotiven der Reihe T. Die Strecke wurde 1932 verstaatlicht und von der BBÖ betrieben. Bereits in der 60er Jahren des vorigen Jahrhunderts zog man die Einstellung der Bahn

Drei Dampfloks vor dem Zug anlässlich des Dampflokfests.

in Erwägung, aber das geschah erst 1972. Im selben Jahr wurde mit dem Abtragen der Bahn begonnen bis auf ein kleines Stück zwischen Treibach-Althofen und Pöckstein-Zwischenwässern.
Seit 1974 fährt auf dieser rund drei Kilometer langen Strecke die vom Verein der Kärntner Eisenbahnfreunde betriebene Museumsbahn. Betreiber ist heute der Verein GTB Gurkthalbahn–Kärntner Museumsbahn seit 1974.
Die Museumsbahn ist im Sommer unterwegs, sonntags von Anfang Juli bis Anfang September.
Zum Fuhrpark der Gurkthalbahn gehören acht Dampfloks, wobei vier betriebsfähig sind und eine verliehen ist; Dampflok 699.101, D h2t, Franco-Belge, 1944; 898.01, C n2t, Henschel, 1941; Christl, B n2t, Hanomag, 1916; Böhler 13, B n2t, Krauss München, 1941. Von den vier Dieselloks sind drei betriebsfähig: Braubach, Bo, Deutz, 1959; JW 100, Bo, Jenbach, 1963; Lok 4, Bo, O&K, 1957. Außerdem sind verschiedene Personenwagen, Dienstwagen, Güterwagen vorhanden.

GTB Gurktalbahn -Kärntner Museumsbahn seit 1974
Pöckstein 13
A-9341 Straßburg
Tel. +43 664/1707136
gurkthalbahn@gmx.at
www.gurkthalbahn.at

Achenseebahn, Jenbach

Im Jahr 1886 bewarb sich der k.k. Konsul Theodor F. Freiherr von Dreifuss um die Konzession für eine Zahnradbahn bzw. um eine Eisenbahnverbindung von Jenbach im Inntal bis zur Südspitze des Achensees. Die Anrainer hatten Bedenken gegen die neumodische Bahn, aber das Kloster Fiecht, Besitzer des Achensees und Betreiber der Achensee-Schifffahrt, war für das Projekt. 1889 wurde die Schmalspurbahn in der Meterspur, 6,63 Kilometer lang, eröffnet, aber sie endete 400 Meter vor der Anlegestelle der Schiffe. Das Kloster Fiecht wollte sich den Transport des Gepäcks der Reisenden von der Bahn zum Schiff mit Rollwagen bezahlen lassen. 1916 wurden die Gleise dann bis zur Dampfanlegestelle verlängert. Damit erreichte die Strecke eine Länge von 6,74 Kilometern.
Ausgangspunkt der Museumsbahn ist der Bahnhof Jenbach, einer der seltenen Drei-Spurweiten-Bahnhöfe. Normalspur 1435 mm der Österreichischen Bundesbahn, 1000 mm der Achenseebahn, 760 mm Spurweite für die Zillertalbahn.

Achenseebahn beim Schiffsanleger in Pertisau.

Kurz nach Jenbach beginnt die Zahnradtrasse, ab Burgeck wird die größte Steigerung mit 160 Promille, der höchste Punkt nach 30 Minuten erreicht – Scheitelbahnhof Eben in 970 Meter Höhe. Kurz vor Eben endet die Zahnradstrecke und mit einem Gefälle von 25 Promille geht es hinunter zur Endstation Seespitz am Achensee. Aus Sicherheitsgründen werden bergwärts fahrende Züge geschoben und talwärts gezogen.
Die Züge der Dampfzahnradbahn verkehren mehrmals

täglich ab Jenbach Bf über Burgeck, Eben, Maurach, Maurach Mitte bis Seespitz am Achensee von Anfang Mai bis Anfang Oktober.
Die vier Lokomotiven der Achenseebahn AG wurden 1889 in der Floridsdorfer Lokomotivfabrik gebaut, Bauart Bz n2t. Sie trugen die Nr. 701 bis 704 und außerdem die Namen der vier Hauptaktionäre: Theodor, Hermann, Georg und Carl. Später nahm man ihnen die Namen wieder ab: Aus Theodor wurde 1983 Eben, aus Hermann 1979 Wiesing und seit 1983 Jenbach, Georg heißt seit 1983 Achenkirch und Carl war seit 1956 außer Dienst gestellt, Wiederinbetriebnahme ab 2008 als Hannah.

Achenseebahn AG
Bahnstraße 1-3
A-6200 Jenbach
Tel. +43 5244/6 22 43
info@achenseebahn.at
www.achenseebahn.at

Zillertalbahn, Jenbach

Im 19. Jahrhundert waren die Verkehrsverhältnisse im Zillertal noch sehr schlecht, weshalb ab 1864 erste Ideen zu einer Eisenbahn durch das Zillertal aufkamen. Bevor jedoch eine Eisenbahnlinie eröffnet werden konnte, dauerte es noch bis 1900/1902. In diesen Jahren wurde die Schmalspurbahn (760 mm) von Jenbach nach Mayrhofen von der Zillerthalbahn Actiengesellschaft eröffnet, 31,7 Kilometer lang. Die Gesellschaft besaß zunächst zwei Dampfloks der Reihe U, zehn Personenwagen und 22 Güterwagen. Im Jahr 1928 wurde der erste Triebwagen mit Verbrennungsmotor beschafft. Ab Mitte der 60er Jahren wurden Gleise und ab Anfang der 80er Jahre auch Fahrzeuge nach und nach erneuert. 2007 begann teilweise der zweigleisige Ausbau der Zillertalbahn. Heute dient die Strecke dem Nahverkehr und dem touristischen Verkehr. Ab 2020 soll die erste Garnitur von Wasserstoff-Triebwagen im Probebetrieb fahren, fünf Wasserstoff-Triebwagen wurden von Stadtler Rail gebaut. Ab Fahrplanwechsel 2022 sollen die ersten Wasserstoff-Triebwagen planmäßig eingesetzt werden.

Die Lok Nr. 5, 1930, am Ortseingang von Fügen. Im Hintergrund der Berg Sonnwendjoch.

Die Dampflokfahrt beginnt in Jenbach am Bahnhof; hier treffen sich neben der Schmalspurbahn auch die Achenseebahn, Meterspur, und die Normalspurbahn von Kufstein nach Innsbruck. Heute endet die Zugfahrt in Mayrhofen im Zillertal, eine Erweiterung bis zu den Seilbahnen ist angedacht.
Der Zillertaler Dampfzug verkehrt jeweils Dienstag und Donnerstag von Anfang Juni bis Ende September von Jenbach über Strass i. Z., Schlitters-Bruck, Fügen-Hart, Uderns, Ried i. Z., Kaltenbach-Stumm, Aschau i. Z., Zell am Ziller, Laimach-Regionalmuseum, Ramsau-Hippach bis Mayrhofen. Darüber hinaus fahren Sonderzüge: Muttertag, Sommerbrunch, Erntedampfzug, Silvesterzug.
Neben modernen Dieselloks und Triebwagen verfügt die Zillertalbahn über betriebsfähige Dampfloks, mit denen Dampfbummelfahren durchgeführt werden.
Bei der Zillerbahn sind noch folgende Dampfloks erhalten: Lok 2, Typ U, Nr. 4506, Zillertal, Krauss Linz, 1900; Lok Nr. 3, Typ Uv, Nr. 4790, Tirol, Krauss Linz, 1902; Lok Nr. 4 ex BHLB, Nr. 6335, Krauss Linz, 1909, Leihgabe des Club 760 Taurachbahn (siehe Seite 157); Lok Nr. 5, Typ Uh, Nr. 1521, Gerlos, Krauss Linz, 1930; Lok Nr. 6 ex Böhlerwerke, 7182, Krauss & Co. München, 1916, Hobbylok, betriebsfähig abgestellt. Lok 1, Typ U, Nr. 4504, Raimund, Krauss Linz, 1900, steht als Denkmal in Jenbach.

Zillertalbahn
Zillertaler Verkehrsbetriebe AG
Austraße 1
A-6200 Jenbach
Tel. +43 5244/60 60
offive@zillertalbahn.at
www.zillertalbahn.at

Rhein-Schauen, Museum und Rheinbähnle, Lustenau

Der Staatsvertrag über die Regulierung des Alpenrheins aus dem Jahr 1892 zwischen Österreich und der Schweiz sah eine Schmalspurbahn, 760 mm, als Dienstbahn vor. Am Ende des 19. Jahrhunderts wurde die Bahn gebaut und beförderte das Material zu den Baustellen der Rheinregulierung. Ein Teil der Strecke der Dienstbahn der IRR Internationalen Rheinregulierung, eine teilweise elektrifizierte Bau- und Güterbahn, wird heute als touristische Museumsbahn befahren.
1992 wurde der Verein »Rheinbähnle« gegründet, der sich 1996 in »Rhein-Schauen« umbenannte und gleichzeitig die Trägerschaft des Museum übernahm. Das Museum hat die Aufgabe, die Geschichte und Ziele der Rheinregulierung zu präsentieren. Der Verein übernahm auch den Ausbau des historischen Lokomotiv- und Waggonparks und den Betrieb der Bahn.
Nach der Restaurierung fuhr 1990 fuhr die Dampflok »Widnau« ex »St. Gallen«, B n2t, Jung, 1910, wieder; sie war durch die IRR-Bauleitung Rorschach beschafft worden. Die andere Dampflok heißt »Liesl« ex »Maffei«, 2 B n2t, Maffei, 1921. Heute beginnt eine Fahrt mit dem Rheinbähnle am Werkhof Lustenau, den Rhein hoch nach Wiesenrain und Widnau Habsburg, Widnau Rhy-Schopf. Die Zugfahrt flussabwärts beginnt am Werkhof Lustenau über Schleienlöcher zur Rheinmündung und zur Anlagestelle der »Hohentwiel«. Zum Einsatz kommen auch vier historischen Elektroloks aus den 40er Jahren des vorigen Jahrhunderts.

Die Dampflok St. Gallen-Widnau von 1910 geht auf die Reise in die Dampflokwerkstatt nach Meinungen /Thüringen, sie braucht neue Kesselrohre.

Verein Rhein-Schauen
Museum und Rheinbähnle
Höchster Straße 4
A-6890 Lustenau
Tel. +43 5577/2 05 39
office@rheinschauen.at
www.rheinschauen.at

Saison des Rheinbähnle und des Museums ist von Ende April bis Ende Oktober, donnerstags bis sonntags. Im Angebot sind zum Beispiel Themenfahrten wie Genussfahrt auf Schienen, Rheinmündungsfahrten, Lunchfahrten (kombinierte Dampflok und Schiffsfahrt mit der »Hohentwiel«). Wie zu Großmutters Zeiten (wer entsprechend gekleidet ist, zahlt nur den halben Fahrpreis), Lange Nacht der Museen, Nikolausfahrten. Es werden auch Charterfahrten für verschiedene Anlässe angeboten.

Bregenzerwaldbahn

Zum Ende des 18. Jahrhunderts konnten Waren in und aus dem Bregenzerwald nur auf Saumpfaden und später auf Fuhrwerkswegen transportiert werden; Holzstämme aus dem Bregenzerwald wurden auf dem wilden Gebirgsfluss Bregenzer Ach befördert. 1884, drei Jahre vor der Eröffnung der k.k. privilegierten Vorarlberger Bahn von Lindau nach Bludenz dachte man über eine Pferdeeisenbahn von Bregenz nach Au nach. Die Bregenzerwaldbahn, auch Wälderbahn oder Wälderbähnle genannt, ist eine Schmalspurstrecke (760 mm) im Bundesland Vorarlberg. Sie verband von 1902 bis 1983 auf einer Strecke von 35,3 Kilometern Bregenz am Bodensee mit Bezau im Bregenzerwald. Nach 1983 wurde ein Großteil der Strecke stillgelegt bzw. abgebaut. Lediglich rund fünf Kilometer sind als

Links die Dampflok U.25, rechts die Diesellok 2091.08.

Museumsbahn in Betrieb. 1985 gründete sich der Verein Bregenzerwaldbahn-Museumsbahn, um die Strecke teilweise zu erhalten und im Museumsbetrieb zu bedienen. Das erste Triebfahrzeug war ein zu einem Schienenfahrzeug umgebauter LKW, einige kleinere Dieselloks, unter anderem die heute als »Hilde« bezeichnete Heeresfeldbahnlok HF 130C, C-dh, 1943. Die Diesellok (D4) 2095.13, B´B´, 1961, fährt seit 2015 wieder für das Waldbähnle. Im Einsatz ist auch die Diesellok 2091.08, 1 Bo 1, 1940. Seit 1993 steht mit der U 25, »Bezau«, C1 n2t, 1902, wieder eine aufgearbeitete Original-Dampflok der Baureihe U der Bregenzerwaldbahn zur Verfügung. 2001 folgte die zweite Dampflok der Baureihe Uh 102, C1 h2t, Floridsdorf, 1931. Die Personenwagen wurden auf den Fahrgestellen von Güterwagen neu aufgebaut. Heute fährt die Museumsbahn die Strecke von Bezau nach Schwarzenberg. Dampf- und Dieselbetrieb befindet statt zwischen Mai und Oktober, ab Mitte Mai und Juni Samstag und Sonntag; Juli, August, September Samstag, Sonntag und Mittwoch, und erstes Oktober Wochenende.

Bregenzerwaldbahn
Bahnhof 147
A-6870 Bezau
Tel. +43 664/4 66 23 30
info@waelderbaehnle.at
www.waelderbaehnle.at

Museumsbahn Stein am Rhein–Singen

Die normalspurige Strecke zwischen Etzwilen in der Schweiz und Singen in Deutschland wurde 1875 eröffnet. Der Personenverkehr wurde 1969 eingestellt, der ganze Verkehr 2004. 2006 wurde SEHR & RS Stiftung Museumsbahn Stein am Rhein-Etzwilen-Hemishofen-Ramsen & Rielasingen-Singen gegründet und die Infrastruktur der Bahnlinie erworben und wieder in Betrieb genommen. Die Rheinbrücke hat die Stiftung Eisenbahnbrücke Hemishofen übernommen. Schon 2001 wurde der VES Verein zur Erhaltung der Bahnlinie Etzwilen-Singen gegründet. Auch der Verein EFH Eisenbahnfreunde Hegau unterstützt die Museumsbahn, die auf der 13,28 Kilometer langen Strecke Dampfzüge mit Gastloks wie dem »Muni« und der BT 9 (siehe Seite 166) betreibt. Fahrten finden zum Beispiel an einem Samstag Mitte Mai, an Sonntagen im Juni, Juli und September statt. Auf der Strecke werden auch Velofahrten durchgeführt. In Hemishofen ist ein Bahnhofsmuseum in Aufbau.

Ein Museumszug mit Lok »Muni« auf der Rheinbrücke Hemishofen.

SEHR & RS Stiftung Museumsbahn
CH-8260 Stein am Rhein

VES Verein zur Erhaltung der Bahnlinie Ezwilen-Singen
Rathausplatz
CH-8262 Ramsen
Tel. +41 5 27/43 14 90
inf@etzwilen-singen.ch
www.etzwilen-singen.ch

Verein Dampflok Muni, Matzingen

Die ersten Loks des Typs Ed 3/3 wurden 1914 gebaut. 1922 entstanden bei der AG für Lokomotiven Hohenzollern in Düsseldorf-Grafenberg drei dieser Loks, C n2t, Fabrikations-Nr. 4267, 4268, 4269 und wurden an die BASF in Ludwigshafen verkauft. Bei einer späteren Revision wurden Bauteile ausgetauscht, so dass 4268 mit dem Triebwerk von 4267 ausgestattet wurde. 1959 erfolgte der Verkauf der Lok an die Rheinischen

Muni mit Zug auf der Rheinbrücke Hemishofen.

Braunkohlenwerke. 1973 wurde sie in die Schweiz geschleppt. 1981 kaufte sie Urs Rüesch und revidierte sie zusammen mit Freunden. Sie erhielt den Namen »Muni«, das ist das alemannische Wort für Stier. Nach verschiedenen Einsätzen in der Schweiz kam Muni 2002 nach Etzwilen und der Verein zur Erhaltung der Dampflok Muni übernahm sie.
Der Muni unternimmt Frühlingsfahrten, Fahrten unter dem Motto »Mit Dampf zum Wein« oder »Mit Dampf zum Bier«, musikalische und kulinarische Sonderfahrten und Samichlausfahrten. Auch Sonderzüge für SEHR & RS hat Muni am Haken.
Man kann Sonderfahrten für verschiedene Anlässe buchen.

VDM Verein Dampflok Muni
Haldenweg 17
CH-9548 Matzingen
Tel. +41 79/254 7721
auskunft@v-d-m.ch
www.muni-dampflok.ch
www.v-d-m.ch

Dampf-Loki-Club Herisau

Die Dampflok EB 3/5 BT 9 ist eine von neun 1910 bei Maffei in München gebauten Dampfloks, 1´C1´ h2t. Sie ist eine Streckenlok für Schnell-, Personen- und Güterzüge und kann Steigungen überwinden. Die Lok Nr. 9 war bis 1931 bei der BT Bodensee-Toggenburger Bahn eingesetzt, von 1932 bis 1965 bei den SBB Schweizerischen Bundesbahnen. 1965 wurde sie vom Dampf-Loki-Club übernommen und wieder in betriebsfähigen Zustand versetzt. Sie führt Museumszüge auf Sonderfahrten – zum Beispiel auch auf der Strecke der Museumsbahn Stein am Rhein–Singen.

DLC Dampf-Loki-Club Herisau
Thomas Mayer
Hörenstraße 41
CH-9113 Degersheim
Tel. +41 71/3 71 19 27
mail@bt9.ch
www.bt9.ch

Historische Mittel-Thurgau-Bahn

Die Stammstrecke der Mittel-Thurgau-Bahn von Wil über Weinfelden und Kreuzlingen nach Konstanz wurde 1911 eröffnet. Nach der Liquidation der Bahngesellschaft im Dezember 2002 wurde 2003 der Verein Historische Mittel-Thurgau-Bahn gegründet. Dieser hat die historischen Fahrzeuge übernommen und betreibt seither Nostalgiefahrten. Auf dem Programm stehen spezielle Winterdampffahrten oder die Fahrt zum Osterhasen. Weiter werden öffentliche Fahrten am Muttertag, im Vorsommer, Herbst- und zur Adventszeit angeboten. Dabei kommt auch der Thurgauer Zug zum Einsatz mit dem Triebwagen »Weinfelden« von 1965 und dem Steuerwagen von 1976. Von Mai bis Oktober am jeweils letzten Sonntag im Monat werden die Ufer-Dampffahrten am Bodensee als »Mostindien-Express« durchgeführt. Hier ist vor den Zug die Dampflok »Choli« gespannt, 1´C1´ h2t, SLM Schweizerische Lokomotiv- und Maschinenfabrik Winterthur, 1912. Manchmal werden auch »Röbi«, eine elektrische Rangierlok von 1928, oder eine Diesellok von 1972 eingesetzt.
Zum Wagenpark gehören der rote Salonwagen von 1907, der Gepäck-/Postwagen von 1911 und der Salon Bleu mit Aussichtsplattform von 1965.

Die historische Dampflok, Baujahr 1912, der ehemaligen Mittel-Thurgau-Bahn.

VHMThB Verein Historische Mittel-Thurgau-Bahn
Florastraße 16
CH-8570 Weinfelden
Tel. +41 71/622 95 56
info@mthb.ch
www.mthb.ch

SBB Historic – Historisches Erbe der SSB

Zum historischen Erbe der SBB Schweizerischen Bundesbahn gehören Archive und die Bibliothek, der Lesesaal ist von Dienstag bis Donnerstag von 9 bis 17 Uhr geöffnet. Teile der Objektsammlungen können bei Führungen nach Anmeldung besichtigt werden.
Zum Erbe zählen 216 historische Originalfahrzeuge, es sind 15 Dampfloks, 44 elektrische Triebfahrzeuge, zwei Dieselloks, 31 Dienstfahrzeuge, 124 Personen- und Güterwagen. Von den Dampfloks seien hier erwähnt A 3/5 705, 2´C h4v, SLM Schweizerische Lokomotiv- und Maschinenfabrik Winterthur, 1904; B 3/4 1367, 1´C h2, SLM, 1916; C 5/6 2978, 1´E h4v, SLM, 1917; »Limmat«, D 1/3 1, 2´A n2, Nachbau der historischen Lok von 1847, SLM, 1947; »Zephyr«, E 2/2, B n2t, Krauss, 1874; Eb 3/5, 1´C1´h2, SLM 1912; »Genf«, B3´ n2, Esslingen, 1858; Ed 2x2/2 196, B3´ n4v, Maffei, 1893. Besondere Erwähnung verdient der Elektrotriebwagen RAe 2/4 1001 von 1935, der »Roter Pfeil« genannt wird.
Die historischen SBB-Züge fahren auf dem normalspurigen Netz der SBB - nicht nach Fahrplan, sondern es werden Erlebnisfahrten zu unterschiedlichen Themen veranstaltet.

Dampflok C 5/6 2978 im Hauptbahnhof Zürich.

SBB Historic - Stiftung Historisches Erbe der SBB
Lagerstraße 1
CH-5210 Windisch
Tel. +41 56/566 52 22
info@sbbhistoric.ch
www.sbbhistoric.ch

Oensingen-Balsthal-Bahn

Die vier Kilometer lange Stichbahn der Regelspur zwischen Oensingen und Balsthal im Kanton Solothurn wurde 1899 eröffnet. Heute ist die Privatbahn im Personen- und Güterverkehr tätig. Sie hat einige historische Triebfahrzeuge, die zum Teil betriebsfähig sind. Beliebt sind die Feierfahrten mit dem Dampfzug Chluser Schnägg auf der Heimatstrecke; Chlus ist eine Talenge oder ein Engpass, wie auf der Strecke zwischen Oensingen und Balsthal, Schnägg ist ein Fünffrankenstück. Auch Ausflugs- und Charterfahrten werden unternommen, die über die Grenzen des Kantons und der Schweiz hinausführen.
Die Dampfloks im Einsatz sind die Ed 2x2/2 Mallet, Maffei, 1891; die Eb 2/4 JS, Esslingen, 1891; E 3/3 Nr. 1 und E 3/3 Nr. 3, Maffei, 1909 und 1899; die Elektrolok De 6/6, SLM/BBC, 1926, wird »Seetalkrokodil« genannt; der Dieseltriebwagen RBe 2/4, SML/BBC, 1938, ist ein »Roter Pfeil«.

OeBB Oensingen-Balsthal-Bahn AG
Bahnhofplatz 1
CH-4710 Balsthal
Tel. +41 62/391 3153
info@oebb.ch
www.oebb.ch

Appenzeller Bahnen

Die 1886 gegründete Appenzeller Bahn schloss sich mit anderen Bahnen in der Region zusammen und betreibt in den Kantonen Appenzell Innerrhoden, Appenzell Ausserrhoden und St. Gallen den Bahn- und Straßenbahnverkehr auf den Spurweiten 1000 mm, 1200 mm und Regelspur 1435 mm.
Mit den historischen Schienenfahrzeugen werden Nostalgie-, Sonder- und Fonduefahrten durchgeführt. »S´Drissgi« heißt der rote E-Triebwagen von 1933, der früher bei der Appenzeller Bahn in Betrieb war. Jetzt fährt er auf der Strecke Gossau-Appenzell-Wasserauen. »S´Föfi« aus dem Jahr 1931, BCFe 4/4 ist eine E-Lok von der ehemaligen St. Gallen-Gais-Appenzell-Bahn und fährt auf den Strecken Appenzell-Gais-Rietli und Gossau-Appenzell. Die Säntisbahn bestand von 1912 bis 1939 und hatte das Ziel, auf den Säntis zu fahren, was niemals geschah; die E-Lok fährt heute zwischen Gossau, Appenzell und Wasserauen. Auf dieser Strecke

Die E-Lok BCFe 4/4 von der SGA St. Gallen-Gais-Appenzell-Bahn.

fährt auch der Dieseltriebwagen BCFm 2/4 Nr. 56 von 1933. Die E-Lok Nr. 22 aus den 1930er Jahren verkehrt zwischen Rorschach und Heiden. Salon- und Nostalgiewagen können angekuppelt werden.
Eine 2018 von den Appenzeller Bahnen, dem Museumsverein Appenzeller Bahnen und dem AG2 Verein historische Appenzeller Bahnen gegründete Stiftung unterstützt die nostalgischen Fahrten mit den historischen Fahrzeugen.

AB Appenzeller Bahnen AG
Bahnhofplatz 20
CH-9100 Herisau
Tel. +41 71/354 50 60
info@appenzellerbahnen.ch
www.appenzellerbahnen.ch

Dampflok 241-A-65, Full

Diese Schnellzug-Lok der französischen Staatsbahn SNCF wurde 1931 von der Lokomotivfabrik Cie de Fives in Lille für die Regelspur gebaut, Bauart 2´D1´ h4v. Die zu ihrer Zeit größte und stärkste Lokomotive Europas verkehrte vorwiegend auf der Strecke Cherbourg–Le Havre.
Im Zweiten Weltkrieg requirierten die Deutschen die Lok, nach dem Krieg kehrte sie nach Frankreich zurück. In den 1970er Jahren gelangte sie in die Schweiz und wurde vom Verein Dampflok 241-A-65 betreut und auf Sonderfahrten geschickt.

Verein Dampflok Depot Full
Industriestraße 170
CH-5324 Full-Reuenthal
Tel. +41 79/284 10 10
info@dampflokdepotfull.ch
www.dampflokdepotfull.ch

Schinznacher Baumschulbahn

Hermann Zulauf, der um 1900 die 1879 gegründete Baumschule in Schinznach, Kanton Aargau, übernommen hatte, begann 1928 den Transport von Pflanzen, Erde, Torf und Mist mit einer Feldbahn Spurweite 600 mm durchzuführen. Bis in die 1950er Jahre funktionierte dieses Transportsystem. Dann übernahmen Traktoren den Transport. Dr. Hermann Zulauf von der zweiten Generation wollte zum 100-jährigen Jubiläum der Baumschule die Bahn reaktivieren. Eine Schar begeisterter Eisenbahnfreunde half ihm. Und 1979 fuhren wieder Züge auf einer Strecke von etwa drei Kilometern. Die Helfer gründeten 1980 den Verein Schinznacher Baumschulbahn. Der Unterhalt der Gleisanlage obliegt der Zulauf AG, der Verein ist zuständig für den Betrieb der Bahn und den Unterhalt der Loks und Wagen. Von Mitte April bis Mitte Oktober fahren die Dampfzüge an den Sams- und Sonntagen mehrmals, jeweils am Mittwoch fährt der Dieselzug. Sonderfahrten und Feierfahrten werden durchgeführt. Neun Dampfloks sind im Einsatz: »Taxus«, Brigadelok, Krauss, 1917; »Pinus«, Henschel, 1937; »Sequoia«, MBAG, 1944; »Drakensberg«, Hanomag, 1927/28; »Emma«, Robert Aebi, 1925; »Molly«, SLM, 1944; »Lukas«, O&K, 1918; »Kalahari«, Franco-Belgé, 1953; dazu sind sechs Dieselloks im Einsatz.

Schinznacher Baumschulbahn
Verein Schinznacher Baumschulbahn
Degerfeldstraße 4
CH-5107 Schinznach-Dorf
Tel. +41 56/463 62 82
info@schbb.ch
www.schbb.ch

Verein Mikado 1244, Zürich

Die Bauart 2-8-2 der Whyte Notation, die sich nach Anzahl der Räder richtet, wird »Mikado« genannt, also ist es eine Lok 1´D1´, hier mit dem Zusatz h2. Die Dampflok des Vereins wurde 1946 bei den Montreal Locomotive Works gebaut und mit anderen Maschinen dieses Typs bei der französischen Staatsbahn SNCF in Dienst gestellt. Die französische Bezeichnung 141.R. 1244 bedeutet 1 Laufachse, 4 Antriebsachsen, 1 Laufachse, das R bezeichnet den Typ der Lok, 1244 steht für die Nummerierung der Bauserie.
Die ölbefeuerte Lok wurde 1973 außer Dienst gestellt, der 1975 gegründete Verein Mikado übernahm sie und führt mit historischen Wagen Sonderfahrten durch. Der Verein hat noch zwei Elektroloks in seiner Obhut: Ae 4/7 11026, SLM/BBC, 1933; Ae 6/6 11407, SLM/BBC, 1955.

Verein Mikado 1244, Zürich
Unterwerkstraße 13
CH-5200 Brugg AG
Tel. +41 44/761 90 26
info@mikado1244.ch
www.mikado1244.ch

Zürcher Museums-Bahn

Die SiTB Sihltalbahn nahm ihren Betrieb auf der Regelspurstrecke 1892 auf, 1932 übernahm sie die BZUe Bahngesellschaft Zürich-Uetliberg, 1973 die Uetlibergbahn und hieß nun SZU Sihltal-Zürich-Uetliberg-Bahn. Als die letzte Dampflok im Sihltal, die Lok Nr. 5 genannt »Schnaaggi-Schaaggi« wegen ihres langsamen Schneckentempos, also »Schnecken-Jakob«, verschrottet werden sollte, gründeten 1996 Eisenbahner den Verein der Zürcher Museums-Bahn.
Fahrten zum Osterhasen und im Dezember zum Samichlaus werden veranstaltet, jeden letzten Sonntag in den Monaten April bis Oktober auf der 17 Kilometer langen Stammstrecke zwischen Sihlbrugg und Zürich Wiedikon. Hier fahren meistens die Dampfzüge, in die auch das Spiiswägeli eingestellt ist. Für weitere Strecken in der Region Zürich werden elektrische Loks benutzt.
Die betriebsbereiten Loks werden auch zu Sonder- und Charterfahrten eingesetzt. Da ist »Schnaaggi-Schaaggi«, Ed 373 Nr. 5, SLM, 1899; Dampflok »Hansli«, Ed 3/3 Nr. 2, SLM, 1893; der elektrische Triebwagen BDe 4/4 Nr. 92, SWS/BBC, 1968; die Elektrolok FCe 2/4 Nr. 84, SWS/MFO, 1924.

ZMB Zürcher Museums-Bahn
Rämistraße 7
CH-8024 Zürich
Tel. +41 848/962 962
info@museumsbahn.ch
www.museumsbahn.ch

Dampfbahn-Verein Zürcher Oberland

Auf der Strecke zwischen Bauma und Hinwil wurde im Juni 1969 der Personenverkehr eingestellt. Seit 1978 gibt es dank des Dampfbahn-Vereins auf der zwölf Kilometer langen Regelspurstrecke Personenbeförderung mit der Dampfbahn zwischen Bauma, Neuthal, Bäretswil, Ettenhausen und Hinwil. Von Mai bis Oktober fahren an jedem ersten und dritten Sonntag im Monat mehrere Züge, Sept. und Okt. jeden Sonntag, ab Bauma. Samichlaus- und andere Sonderfahrten gibt es

Zug mit E-Lok 16 336 im Bahnhof Bäretswil.

DVZO Dampfbahn-Verein Zürcher Oberland
Bahnhofstraße 12
CH-8494 Bauma
Tel. +41 79/905 84 94
webmaster@dvzo.ch
reisedienst@dvzo.ch
www.dampfbahn.ch

Eine Vielzahl von Triebfahrzeugen kommt je nach Betriebsfähigkeit zum Einsatz. Dampfloks sind Nr. 4 »Schwyz«, Ed 3/3, Kessler, 1887; Nr. 401 »Bauma«, Ed 3/3, SLM, 1901; Nr. 10, E 3/3, SLM, 1907; »Bäretswil«, E 3/3, SLM, 1913; Nr. 2 »Hinwil«, Ed 3/4, SLM, 1903; Nr. 9, Eb 3/5, Maffei, 1910; Elektroloks sind Nr. 16 363, Ee 3/3, SLM/BBC, 1939; Nr. 15, Be 4/4, SLM/Ateliers de Sécheron, 1931.

Nostalgie-Arlberg-Express, Oberriet

In Oberriet im Kanton St. Gallen ist der im Jahr 2000 gegründete Verein 1020.042-6 zu Hause, der die Elektrolok 1020 042-6, Co´Co´, betreut. Diese Lok ist wegen ihres Aussehens eine der Maschinen, die Krokodil genannt werden. 1943 bei AEG in Berlin gebaut, war sie als E 94 104 bis 1945 bei der Deutschen Reichsbahn im Einsatz, dann bei den Bundesbahnen Österreichs, ab 1954 mit der neuen Nr. 1020.042-6. Nach der Außerdienststellung gehörte sie ab 1955 dem Roco Club Schweiz, seit 2000 dem Verein 1020.042-6.

Nostalgie-Arlberg-Express Verein 1020.042-6
Kontakt: Robert Doll
Eichaustraße 21
CH-9463 Oberriet
Tel. +41 71/761 35 14
info@verein1020.ch
www.verein1020.ch

Mit einigen Wagen und einem Bistrowagen des legendären französischen Luxuszugs »Mistral« am Haken fährt die Lok als Nostalgie-Arlberg-Express zu Sonder- und Charterfahrten. Der Betrieb wurde eingestellt.

Sursee-Triengen-Bahn

Die Bahn im Kanton Luzern wurde 1912 gegründet. Bis 1972 wurden Personen und Güter auf der 8,8 Kilometer langen Regelspurstrecke befördert. Der Personenverkehr wurde auf die Straße verlegt. Der Verein Sursee-Triengen-Bahn Historic ist Partner der ST und erhält die historischen Fahrzeuge und Anlagen und fördert den Dampfbetrieb auf der Bahn. Von Mai bis Oktober fahren am jeweils letzten Sonntag dieser Monate dreimal die Züge zwischen Triengen über Büron-Bad Knutwil und Geuensee nach Sursee und zurück. Außer diesen öffentlichen Dampffahrten werden auch Sonder- und Charterfahrten durchgeführt.

Vor die historischen Wagen werden die Dampflok E 3/3 5 von 1907 oder die E 3/3 8522 von 1913 gespannt; auch die Diesellok »Lisi« Em 2/2 1 von 1965 ist betriebsbereit.

ST Sursee-Triengen-Bahn AG
Bahnhofstraße 9
CH-6234 Triengen
Tel. +41 41/921 40 30
info@sursee-triengen-bahn.ch
www.sursee-triengen-bahn.ch

Historische Seethalbahn

Das Seetal zwischen Luzern und dem aargauischen Lenzburg schrieb sich früher Seethal. Ab 1883 wurden zwei regelspurige Eisenbahnstrecken eingerichtet. Inzwischen erfolgte abschnittweise die Stilllegung. Der Verein Historische Seethalbahn, 1983 gegründet, hat die Remise in Hochdorf an der Seetalbahn renoviert und zum Zentrum seiner Aktivitäten gemacht. Hier finden die Remisenfeste statt, hier ist ein Museum eingerichtet, von hier starten die Museumszüge, die gelegentlich auf Teilstrecken der Seetalbahn und auf anderen Strecken fahren. Vor die Museumszüge ist die Dampflok Nr. 3 »Beinwyl«, E 3/3, Krauss, 1982, gespannt, die früher auf der Bahn in Dienst war. Die andere Dampflok ist Nr. 456, E 3/3, SLM, 1894. Und eines der berühmten »Seetalkrokodile«, eine E-Lok De 6/6, SLM, 1926, ist auch betriebsbereit sowie zwei Gepäckwagen und ein Marerialwagen.

HSTB Verein Historische Seethalbahn
Siedereistraße 20
CH-6281 Hochdorf
Tel. +41 79/316 09 39
info@historische-seethalbahn.ch
www.historische-seethalbahn.ch

Das »Seethalkrokodil« im Bahnhof Luzern.

Rigi Bahnen, Vitznau

Die Rigi, ein Bergmassiv in der Zentralschweiz zwischen Vierwaldstättersee, Zugersee und Lauerzersee, hat ihre höchste Erhebung in der Rigi Kulm mit 1.797,5 Metern über NN. Der Name sei abgeleitet vom lateinischen mons Reginam oder regina montium, Königin der Berge, glaubte man im 15. Jahrhundert. Wohl eher kommt der Name vom alten Wort rigi für Schicht oder Band, was auf die Schichtung des Berges verweist.

Dampflok 16 von 1923.

Triebwagen 5, Baujahr 1965.

Lok Nr. 7 von 1873, seit 1937 mit stehendem Kessel.

Triebwagen 6 von 1911.

1585 wurde die erste Kapelle am Berg errichtet, 1689 wurde die Wallfahrtskapelle »Maria zum Schnee« auf Rigi Klösterli eingeweiht. Der religiöse Tourismus begann. 1775 besuchte Goethe die Rigi: »Ringsum die Herrlichkeit der Natur.« Der Tourismus der Naturliebhaber begann. Die Rigi konnte zu Fuß bestiegen werden, oder mit Tragsessel oder Pferd kam man zum Gipfel.

Am 21. Mai 1870 fand die erste Probefahrt der Rigi-Dampflok »Stadt Luzern« auf der Zahnradstrecke statt, die Niklaus Riggenbach erfunden hatte. Am 21. Mai 1871 wurde die Einweihung der ersten Bergbahn Europas von Vitznau nach Rigi Staffelhöhe gefeiert. 1874 eröffnete die höchstgelegene Adhäsionsbahn von Rigi Kaltbad nach Rigi Scheidegg. 1875 nahm die Arth-Rigi-Bahn von Arth am See über Goldau nach Rigi Klum den Betrieb auf. Die teilweise Elektrifizierung der Strecken begann. 1992 erfolgte die Fusion der Rigibahn-Gesellschaft und der Arth-Rigi-Bahn zur Rigi Bahnen AG. Zu den Bergbahnen der Rigi gehören auch die Luftseilbahnen Weggis–Rigi Kaltbad, Obergschwend–Rigi Burggeist, Kräbel–Rigi Scheidegg, Küssnacht–Seebodenalp, Vitznau–Wissifluh, Brunnen–Urmiberg.

Die Zahnradbahnen auf der Normalspur fahren von morgens bis abends jeden Tag mehrmals.

Auf der 6,85 Kilometer langen Strecke Vitznau–Rigi Kulm sind folgende Triebfahrzeuge vor die historischen Wagen gespannt: Nr. 1 Triebwagen B-dhe 2/4, SLM/BBC, 1937; Nr. 2 und Nr. 3 baugleich mit Nr. 1; Nr. 4 baugleich, aber Baujahr 1953; Nr. 5 B-dhe 4/4, SLM/SIG/BBC, 1965.

Auf der 8,55 Kilometer langen Strecke Goldau–Rigi Kulm: Nr. 6 Triebwagen BCFhe 2/3, SWS/MFO/SLM, 1911, der älteste Zahntriebwagen der Welt; Nr 7 Triebwagen B-dhe, SIG/SLM/MFO, 1925; Nr. 8 Schneeschleuder He 273, SLM/MFO, 1930; Nr. 11 Triebwagen »Schneeflöckli« B-dhe 2/4, SLM/SAAS, 1949; Nr. 12 wie Nr. 11; Nr. 13 wie 11 und 12, 1954; Nr. 14 wie 11-13, 1967; Nr. 15 Triebwagen B-dhe 4/4, SLM/BBC, 1982; Nr. 7 Dampflok A II, SLM, 1873, 1937 Umbau auf stehenden Kessel, die Lok ist im Verkehrshaus Zürich ausgestellt und kommt besuchsweise zu den Rigi Bahnen; Nr. 16 Dampflok H 2/3, SLM, 1923; Nr. 17 Dampflok H 2/3, SLM, 1925; die Dampfloks brauchen von Vitznau nach Rigi Kulm etwa 450 Kilogramm Kohle und 2.000 Liter Wasser; Nr. 18 Güterlok He 2/2, SLM/BBC, 1938.

Rigi Bahnen AG

Bahnhofstraße 7
CH-6354 Vitznau
Tel. +41 41/399 87 87
welcome@rigi.ch
www.rigi.ch

Pendelzug Mirage, Kriens

In Zell im Kanton Luzern ist der Verein zu Hause, der den Pendelzug Mirage seit 2008 betreibt. Dieser typische Zug seiner Zeit fährt bei Sonder- und Charterfahrten auf Regelspurstrecken auch über die Grenzen der Schweiz hinaus. Der Hochleistungstriebwagen BDe 474 II 201 ist ein Triebwagen mit 2. Klasse-Personen- und Gepäckabteil; die neue Bezeichnung ist BDe 576, Baujahr 1966. Neu im VPM Pendelzüge RBDe4/4I (heute RBDe 566I) und RBDe566II (Privatbahn NPZ). Die Zwischen- und Steuerwagen des Typs EWI kommen von der ehemaligen SOB Südostbahn und der SBB und stammen aus den Jahren 1958 bis 1983, erbaut von SIG Schweizerische Industriegesellschaft Neuhausen, BBC Brown Boverie Cie, SWS Schindler Waggonfabrik Schlieren.

Der Mirage-Zug bei einer Sommerfahrt in Domodossola, Italien.

VPM Verein Pendelzug Mirage
Industriestr.Brieseck 5
CH-6144 Zell
info@pendelzug-mirage.ch
www.pendelzug-mirage.ch

Dampf-Bahn Bern

Der Verein wurde 1970 gegründet, um historisches Eisenbahnmaterial der Regelspur für die Nachwelt zu erhalten. Anlass war die Revision der ehemaligen Gaswerklok »Lise«, die von der Stadt Bern dem Verein leihweise zur Verfügung gestellt wurde. Mit »Lise«, C nt, Typ 3/3 »Tigerli«, 1908 bei SLM gebaut, wurden die ersten Museumsfahrten auf der 11,5 Kilometer langen STB Sensetalbahn zwischen Flamatt über Laupen nach Gümmenen unternommen. Heute fahren die Züge der Dampf-Bahn Bern vor allem auf den Gleisen der Genossenschaft Museumsbahn Emmental (siehe Seite 174), an der die Dampf-Bahn beteiligt ist. Die 20 Kilometer lange Strecke verbindet Sumiswald-Grünen mit Huttwil und Sumiswald-Grünen mit Wasen. An Sonntagen im Februar fahren die Züge unter dem Motto »Winterdampf«, an Sonntagen im April ist »Frühlingserwachen«. Bis Oktober finden Sonntagsfahrten statt, beliebt sind die Fondue-Fahrten.
Der Fuhrpark ist in der Zeit beträchtlich gewachsen. Außer »Lise« gibt es sechs weitere Dampfloks. E 3/3 Nr. 853, C nt, SLM, 1890; Ed 3/4 Nr. 51, 1`C nt, SLM, 1906; »Habersack« Eb 3/5, 1´C1´ h2t, SLM, 1911; Ec 4/5 Nr. 11, 1´D ht, SLM, 1911; Ed 3/3 Nr. 3, C nt, SLM, 1911; Ed 4/5 Nr. 8, 1´D 2ht, SLM, 1914. Zudem gibt es drei Diesel-Kleinloks, Traktoren genannt, zwölf Personen- und drei Güterwagen.

DBB-Zug mit Lok »Habersack«, Baujahr 1911.

DBB Verein Dampf-Bahn Bern
Bernstraße
CH-3510 Konolfingen
Info-Tel. +41 31/302 39 68
info@dbb.ch
fahrkartenverkauf@dbb.ch
www.dbb.ch

Museumsbahn Emmental

Diese Museumsbahn ist eine Genossenschaft, an der die Dampf-Bahn Bern beteiligt ist. Der Verein Historische Eisenbahn Emmental wurde 1997 gegründet. Die historischen Fahrzeuge sind im ehemaligen Depot der VHB Vereinigten Huttwil-Bahnen versammelt.
Die Fahrzeuge sind im vorigen Artikel über die DBB erwähnt, ebenso die Fahrten.

GME Genossenschaft Museumsbahn Emmental
Bahnhofstr. 22
CH-3455 Grrünen
info@emmentalbahn.ch
www.emmentalbahn.ch

Pacific 01 202, Mühleberg

Eine Dampflokomotive der Bauart 2´C1´ h2 trägt in der amerikanischen Notation die Bezeichnung Pacific. So ist der Verein Pacific 01 202 zu seinem Namen gekommen. Die Schnellzug-Dampflok wurde 1936 bei Henschel gebaut. Nach veschiedenen Einsätzen war sie abgestellt und gelangte 1975 im Schlepp eines SBB-Krokodils in die Schweiz, wo sie aufgearbeitet wurde. 1989 gründete sich der Verein, der die Lok in seine Obhut nahm. 1993 ging 01 202 als Museumslok auf ihre erste Fahrt. Sie hat keinen festen Fahrplan und geht auf Sonder- und Charterfahrten, zuweilen auch in ihre alte Heimat Deutschland. Die 01 202 wurde aufgearbeitet und ist seit Ende 2025 betriebsfähig und tritt im Jan./ Febr. 2026 die Rückreise nach Lyss an.

Die Pacific 01 202 beim Dampfspektakel von Neustadt an der Weinstraße.

Verein Pacific 01 202
CH-3250 Lyss
Tel. +41 79/701 20 28
info@dampflok.ch
www.dampflok.ch

La Traction, Freiberge/ Franches-Montagnes

Auf den Schmalspur-Gleisen, Spurweite 1000 mm, der CJ Chemins de Fer du Jura im Südwesten des Kantons mit einer Streckenlänge von 74,2 Kilometern betreibt die Gruppe La Traction seit 1993 historische Züge. Drei Partner haben sich zusammengefunden; La Traction SA ist eine AG ohne Gewinnabsicht, La Traction SE ist ein Verein, der die Aktivitäten durchführt, CJ Chemins de Fer du Jura ist eine Eisenbahngesellschaft, die das Kommerzielle der historischen Züge regelt.
Die drei Strecken führen von Glovelier über Combe-Tabeillon, Bollement, La Combe und Pré-Petitjean nach Saignelégier; von hier über Le Noirmont, Les Bois und La Ferrière in die Uhrmacherstadt La Chaux-de-Fonds; von Le Noirmont über Les Breuleux und Les Reussilles und Tramelan nach Tavannes.

Dampfzug mit der Henschel-Lok von 1905.

In Pré-Petitjean befinden sich Depot und Werkstätten von La Traction, samstags und nach Voranmeldung können die Anlagen besichtigt werden.
Die fahrplanmäßigen Züge verkehren an ungefähr zwölf Tagen von Juli bis September. La Traction warnt:

Manche Züge werden von erbarmungslosen Banditen überfallen. Vor die Züge sind gespannt die Dampflok G2*2/2 E 164, Henschel, 1905, aus Portugal gekauft; Dampflok G2/3 + 3/3 E 206, Henschel, 1913, auch aus Portugal; Zweikraftlok Gem 474 122, Schlieren/MFO, 1916; Uhrmacher-Zug, elektrischer Triebwagen CFe 474 601, SIG/SAAS, 1953. Zu den Wagen gehören auch ein Bar- und zwei Speisewagen, wichtig für die Fahrten mit Whisky-Tasting und den kulinarischen Zügen.

La Traction
CJ Chemins de Fer du Jura
Rue de la Gare 1
CH-2350 Saignelégier
Tel. +41 32/952 42 75
service.clientele@les-cj.ch
depot@la-traction.ch
www.la-traction.ch

Vapeur Val-de-Travers

Anlässlich des 100-jährigen Jubiläums der Regionalbahn im Val-de-Travers fuhren 1983 wieder Dampfzüge auf der 34,5 Kilometer langen Regelspurstrecke zwischen St-Sulpice und Neuchâtel/Neuenburg im Kanton Neuchâtel. In der Folge wurde 1985 der Dampfverein Vapeur Val-de-Tavers gegründet. An vier Tagen im Jahr fahren die öffentlichen Züge. Mitte Mai geht es an einem Samstag von Saint-Sulpice nach Travers und zurück; am selben Tag fährt ein Fondue-Zug nach Neuchâtel und zurück. An Samstagen anfangs der Monate Juni, September und Oktober stehen auch diese Fahrten auf dem Fahrplan. Die Dampfzüge verkehren auch zu Sonder- und Charterfahrten. Von den verschiedenen Dampfloks, die im Depot in St-Sulpice an den Fahrtagen besichtigt werden können, sind im Einsatz die 52 221, 1´E h2, BMAG Berlin, 1943, für die größeren Strecken, und sonst die Lok des Typs Tigerli E 3/3 8511, SLM, 1911 und drei weitere Loks.

VVT Vapeur Val-de-Travers
Les Eterpilles CP 51
CH-2123 St-Sulpice NE
Tel. +41 32/863 24 07
info@vvt.ch
www.vvt.ch

Swisstrain, Le Locle

Am Ende des Ersten Weltkriegs 1918 war auch in der Schweiz die Kohle knapp. Deswegen wurde die Elektrifizierung der Eisenbahnen voran getrieben. Die Schweizer Industrie war bei der Produktion von E-Loks bedeutend; SLM Winterthur, BBC Baden, MFO Oerlikon und Sécheron Genf teilten sich den Markt.

Der Verein Association Swisstrain, 2005 gegründet, sammelt und erhält elektrische Lokomotiven, die er in den beiden Depots aufbewahrt und auch Reparaturen durchführt. Das Depot Locle liegt im Kanton Neuchâtel, das Depot Payerne im Kanton Waadt. Mit den Loks von Swisstrain sind nostalgische Züge verschiedener Veranstalter bespannt, die auf vielen normalspurigen Strecken fahren.

Association Swisstrain
Chemin du Chalet 5 c
CH-2400 Le Locle
Tel. +41 79/135 36 35
info@swisstrain.eu
www.swisstrain.eu

Diese E-Loks, betriebsbereit oder in Aufarbeitung, gehören Swisstrain: Ae 3/6 I 10601, 1921; Be 4/6 12339, 1922; Ae 3/6 II 10448, 1925; Ae 4/7 10902, 11000, 10950, 11010, 1926-1934; Be 4/4 171, 1932; »Roter Blitz« RBe 2/4 1007, 1938; RFe 4/4 601, 1940; Ae 6/8 208, 1943; Ee 6/6 16801, 1952; Ae 6/6 11424, 1955. Dazu gesellen sich Rangierloks und Personenwagen.

Train à vapeur de la Vallée de Joux

Am Nordufer des Lac de Joux, dem größten See im Juragebirge im Kanton Waadt, verläuft die normalspurige Eisenbahn. Auf einer Strecke von 14 Kilometern verbindet die Bahn die Orte Le Pont und Le Brassus. Erbaut wurde die Bahn 1879, um vor allem Eis zu transportieren. Inzwischen dient die Strecke anderem Gütertransport – und der Museumseisenbahn. Der Dampfzug-Verein, 1985 gegründet, fährt von Mai bis Oktober an Sams- und Sonntagen, manchmal zweimal im Monat. Einige Fahrten sind Fonduefahrten.

CTVJ Compagnie du Train à vapeur de la Vallée de Joux
Chemin des Glacière
Case Postal 19
CH-1342 Le Pont
Tel. +41 77/435 02 93
info@ctvj.ch
www.ctvj.ch

Vor den Speisewagen und die Personenwagen sind die Dampfloks E 3/3 Typ Tigerli Nr. 8494 und 8523 von 1909 und 1915 gespannt.

Historische Eisenbahn Gesellschaft, Delémont

Die erste Eisenbahn von Basel nach Delémont (Delsberg) fuhr 1875. In Delémont zwischen Bern und Biel im Kanton Jura ist die Rotonde, der Ringlokschuppen, von 1890 der Mittelpunkt des Vereins Historische Eisenbahn Gesellschaft, 1985 gegründet. Das Hauptziel ist die Rettung und Erhaltung historischer Eisenbahnfahrzeuge, vor allem von Wagen, von denen eine beträchtliche Anzahl vorhanden ist. Mit zwei Dampfloks, E 3/3 8485, SLM, 1907, und »Zephir« E 2/2 3, Krauss, 1874, werden an einem Samstag Mitte September zwei

HEG Historische Eisenbahn Gesellschaft
Rotonde, Places des Voies CFF 71
CH-2800 Delémont
Kontakt: Thomas Pulfer
Krähenburgstraße 35
CH-2543 Lengnau
info@volldampf.ch
www.volldampf.ch

Dampffahrten zwischen Delémont und Laufen veranstaltet. Andere Fahrten werden mit SBB Historic (siehe Seite 167) durchgeführt.

Train Rétro/Retro-Zug »La Gruyère«, Fribourg

Gruyère/Greyerz ist ein Bezirk im Kanton Fribourg/Freiburg, zugleich der Name für einen Hartkäse. »La Gruyère« ist der Name des Retro-Zugs, der auf den Schmalspurstrecken, 1000 mm, in der Region unterwegs ist. Als Train Fondue/Fondue-Zug ist er an vielen Tagen des Jahres, meist an Frei-, Sams- und Sonntagen von Dezember bis Mai zwischen Bulle und Montbovon in Fahrt. Zum Abschluss des Fondues »moitié-moitié« gibt es das Greyerzer Dessert Meringue, ein Eiweißgebäck. Am Valentinstag beginnt die Fahrt des Fondue-Zugs mit einem Besuch im Atelier du Chocolat des Maison Cailler. In den Sommermonaten ist der Retro-Zug als Train Sushi/Sushi-Zug zwischen Bulle und Châtel-St-Denis

Transportes publics fribourgeois SA Freiburger Verkehrsbetriebe AG
Rue de Moulin
CH-1630 Bulle
Tel. +41 26/351 02 00
train-retro@tpf.ch
www.tpf.ch.

unterwegs. Als Train Ballons/Ballon-Zug geht die Fahrt am letzten Januar- und ersten Februar-Wochenende nach Château-d`Oex zum internationalen Ballonfestival. Auch bei dieser Fahrt gibt es Fondue und Meringue. Die Zugmaschine des Retro-Zugs ist die Elektrolok Be 4/4 116, Bo´Bo´, SWS, 1922; die drei Wagen, SIG, 1926, 1931, 1932.

Chemin de Fer Lausanne–Echallens–Bercher

Der erste Abschnitt der Schmalspurstrecke 1000 mm wurde 1873 eröffnet. Heute ist die Bahn ein modernes Eisenbahnunternehmen auf der 22,8 Kilometer langen Strecke zwischen Lausanne über Echallens nach Bercher mit vielen Zwischenhalten, die zu vielerlei Ausflügen einladen. Auf dieser Grünen Linie fahren an Sonntagen zwischen Mai und Oktober und Anfang Dezember Dampfzüge mit historischen Wagen, einem Barwagen und der Dampflok »Echallens« G 3/3 8, SLM, 1910.

LEB Chemin de Fer Lausanne-Echallens-Bercher SA
Place de la Gare 9
CH-1040 Echallens
Tel. +41 21/621 01 11
www.leb.ch

Brienz Rothorn Bahn

Von Sommer 1890 bis Herbst 1891 wurde die 7,6 Kilometer lange Zahnradbahn der Spurweite 800 mm erbaut und am 17. Juni 1892 eröffnet. Sie fährt von Brienz am Brienzersee im Berner Oberland von 566 Meter ü. M. bis Rothorn Kulm auf eine Höhe von 2244 Meter ü. NN. Haltestellen sind in Geldried, Planalp und Oberstaffel. Die Strecke führt über eine Brücke und durch sechs Tunnel. Im Ersten Weltkrieg wurde der Betrieb 1914 eingestellt, 1931 wieder aufgenommen. Heute unterstützt der Verein Freunde des Dampfbetriebes der Brienz Rothorn Bahn die Bahn.

Die Saison beginnt Ende Mai/Anfang Juni und dauert bis Oktober. Die Züge fahren achtmal täglich. Jeden Sonntag von Juli bis September gibt es zuzügliche Frühfahrten, auch einige Morgenfahrten ab 5.30 Uhr stehen im Fahrplan. Jeden Dienstag gibt es Seniorenzyschtig mit Mittagessen im Berghaus Rothorn Kulm; jeden Mittwoch ist der Dampfwürstlibummler unterwegs, Heizerwürstli, von der Lok gegart, und Zahnstangenbrot werden serviert. Einmal monatlich von Juli bis Oktober wird das Vollmond-Dinner veranstaltet. An einigen Tagen ist der Salon Rouge als Bar und Restaurant auf Rädern in Fahrt.

Die Lokomotiven der Brienz Rothorn Bahn sind num-

Die BRB auf dem Weg aufs Rothorn.

meriert, hier sind nur die betriebsfertigen Maschinen erwähnt, wobei Nr. 13 nicht verwendet wird, um abergläubische Fahrgäste nicht zu ängstigen. Bis Nr. 7 sind es kohlegefeuerte Loks. Nr. 2, H 2/3, SLM, 1891; Nr. 5, H 2/3, SLM, 1891; Nr. 6, H 2/3, SLM, 1933; Nr. 7, H 2/3, SLM, 1936. Nr. 9-11, Dieselloks, Steck/MTU, 1975-1987, vor allem für Materialtransporte. Nr. 12-16 ölgefeuerte Dampfloks, H 2/3, SLM, 1992-1996.

BRB Brienz Rothorn Bahn AG
Hauptstraße 149 c
CH-3855 Brienz
Tel. +41 33/952 22 22
info@brb.ch
www.brienz-rothorn-bahn.ch

Brünig Dampfbahn

Der Ballenberg erhebt sich über Brienz und gibt der Dampfbahn ihren Namen. 1966 retteten Eisenbahnfreunde die Dampfloks G 3/4 208 und HG 3/3 1067 vor der Verschrottung. 1981 gründeten die Retter den Verein zur Förderung von Bau und Betrieb einer dampfbetriebenen Schmalspurbahn zwischen Brienz und dem Freilichtmuseum Ballenberg. Dieser Zweck ist – vielleicht noch nicht – erfüllt. Zurzeit verkehren die Museumszüge auf der 28,5 Kilometer langen Strecke zwischen Interlaken Ost und Meiringen am Brienzersee. Öffentliche Fahrtage sind ab Ostersonntag meist die letzten Sonntage von Juni bis August. Sonderfahrten bis Innertkirchen und auf anderen Strecken werden durchgeführt.
Vor den Zug ist die Dampflok G 3/4 (1´C) 208 gespannt, 1913 von der SLM gebaut. Die zwei Zahnradloks HG 3/3 1067, SLM, 1910, und HG 3/3 1068, SLM, 1926, sind wahrscheinlich ab 2021 einsatzfähig. Dann werden Fahrten über die Steilstrecke und über den 1002 Meter hohen Brüningpass veranstaltet.

Die Dampfbahn mit Lok 208, Baujahr 1913.

BDB Ballenberg Dampfbahn
Hegerweg 10
CH-3855 Brienz
Tel. +41 79/6400528
info@bruenig-dampfbahn.ch
www.bruenig-dampfbahn.ch

Museumsbahn Blonay–Chamby

Die erste Museumsbahn der Schweiz wurde 1966 gegründet und nahm auf der Schmalspurbahn, 1000 mm, der ehemaligen Chemins de Fer Electrique Veveysans den Betrieb auf der 2,95 Kilometer langen Strecke oberhalb der Schweizer Riviera zwischen Blonay und Chamby auf. Am Endpunkt der Strecke in Chamby/Chaulin ist an den Fahrtagen ein großes Eisenbahnmuseum mit mehr als 60 historischen Fahrzeugen geöffnet.

Genossenschaft Museumsbahn Blonay-Chamby
Sociéte Coopérative du Chemin de Fer
Musée Blonay-Chamby
Place de la Gare 4
CH-1807 Blonay
Tel. +41 21/943 21 21
info@blonay-chamby.ch
www.blonay-chamby.ch

Die Lok 208, HG 3/4, Baujahr 1913.

Fahrtage sind die Sams- und Sonntage von Anfang Mai bis Ende Oktober, an denen die Museumsbahn mehrmals täglich fährt. Zu den Sonderzügen zählt der nostalgische Dampfzug Riviera Belle Epoque ab Vevey über Blonay nach Chamby an den letzten Sonntagen von Mai bis Oktober.

Die betriebsfähigen Dampfloks sind die Lok 208, 1´C, HG 3/4, SLM, 1913; G 3/3, SLM, 1901; Lok No. 5, G 3/3, C, EMBG Grafenstaden, 1890; G 2x2/2, Maschinenbaugesellschaft Karlsruhe, 1918; dazu zwei E-Loks, sechs elektrische Triebwagen, Dampfstraßenbahn-Loks, diverse Dienstfahrzeuge.

Jungfraubahnen

Die Jungfraubahnen AG betreibt sechs verschiedene Bahnen, die alle fahrplanmäßig verkehren.

Die JB Jungfraubahn ist ein epochales Pionierwerk. 1896 wurde mit dem Bau begonnen, 1912 erfolgte die Eröffnung. Die neun Kilometer lange Zahnrad-Strecke der Schmalspur 1000 mm befördert die Gäste von der Kleinen Scheidegg auf das Jungfraujoch, 3.454 Meter über NN, zum höchstgelegenen Bahnhof Europas. Sieben Kilometer der Strecke durchlaufen Tunnel, die Berge Eiger und Mönch werden durchquert. Die Bahn überwindet 1.400 Höhenmeter und ist ganzjährig in Betrieb.

Die Mehrzahl der Triebfahrzeuge und Wagen sind moderne Fahrzeuge. Hier sind nur die historischen Elektro-Fahrzeuge erwähnt: He 2/2 8, SLM/BBC, mit Schneefräse; He 2/2 10 und He 2/2 11, SLM/BBC, 1912.

Die WAB Wengernalpbahn ist die längste durchgehende Zahnradbahn der Welt auf einer Strecke von 19.114 Meter Länge. Sie wurde 1893 eröffnet, die Spurweite beträgt 800 mm. Die Bahn verbindet die Orte Lauterbrunnen, Wengen und Grindelwald mit der Kleinen Scheidegg auf 2.061 Meter über NN. Die Bahn ist auch Zubringerbahn für die Jungfraubahn und ganzjährig in Betrieb.

Die historischen Fahrzeuge seit den 1950er Jahren wurden modernisiert.

Die HB Harderbahn ist eine Standseilbahn mit der Spurweite 1000 mm auf einer Strecke von 1.447 Metern. Sie überwindet 755 Höhenmeter und führt von Interlaken Ost auf den Harder Kulm, den Hausberg der Stadt. Die historischen Wagen sind inzwischen durch moderne ersetzt. Die Bahnfährt von Mitte April bis Anfang Dezember.

Die BLM Bergbahn Lauterbrunnen–Mürren verbindet Lauterbrunnen mit dem Ferienort Mürren. Eine Luftseilbahn fährt von Lauterbrunnen zur Berg-

Ein Zug der SPB vor Eiger, Mönch und Jungfrau.

Ein SPB-Zug mit offenen Aussichtswagen

station Grütschalp, von hier führt die vier Kilometer lange Schmalspurbahn, Spurweite 1000 mm, das ganze Jahr weiter. Die historischen Fahrzeuge sind inzwischen durch moderne ersetzt worden.

Die SPB Schynige Platte-Bahn ist eine 7,3 Kilometer lange Zahnradstrecke der Spurweite 800 mm und wurde 1893 eröffnet. Sie überwindet 1.420 Höhenmeter von Wilderswil auf den Ausssichtsberg Schynige Platte auf 1967 Meter über NN mit Aussicht auf Eiger, Mönch und Jungfrau. Während der Saison von Ende Mai bis Ende Oktober werden auch Dampffahrten mit Lok H 2/3, SLM, 1894 durchgeführt. Die sieben Loks sind Elektroloks, He 2/2, SLM/BBC, 1910-1912.

Die BOB Berner Oberlandbahn ist eine moderne Eisenbahn. Zudem betreiben die Jungfraubahnen auch Gondelbahnen und Skilifte.

Jungfraubahnen AG
Rail Info Interlaken
Höheweg 35
CH-3800 Interlaken
Tel. +41 33/828 72 33
info@jungfrau.ch
www.jungfrau.ch

Train Nostalgique du Trient

Die 18 Kilometer lange Strecke der Spurweite 1000 mm zwischen Martigny und Châtelard im Kanton Wallis wurde 1906 eröffnet. Als 1995 moderne Fahrzeuge angeschafft wurden, gründete sich der Verein Les Amis du Train Historique de la Vallée du Trient, um das Rollmaterial nicht der Verschrottung anheimfallen zu lassen. Bereits verkaufte Triebwagen wurden zum Teil aus Grenoble zurückgeführt. Trieb- und Steuerwagen der Züge wurden restauriert und aufgearbeitet, die fünf Kilometer lange Strecke zwischen Martigny und Vernayaz ging an den Verein. Ein Depot wurde gebaut. Der Verein gab sich einen neuen Namen.

Heute sind alle Fahrzeuge Originale von der Martigny-Châtelard-Bahn. Die elektrischen Triebwagen BCFeh 4/4 Nr. 15 und Nr. 32 wurden 1909 und 1921 bei SWS Schweizerische Waggonfabrik Schlieren/SLM Schweizerische Lokomotiv- und Maschinenfabrik Winterthur/MFO Maschinenfabrik Oerlikon gebaut. Drei Steuerwagen sind vorhanden: Nr. 21, 1905, Nr. 74, 1908, Nr. 75, 1909, und drei Güterwagen.

Gruppenfahrten werden auf Anfrage durchgeführt. Das letzte Oktober-Wochenende ist ein großes Retro-Wochenende mit Bahn und Bus.

Vor dem Depot Steuerwagen Nr. 21, Triebwagen Nr. 32 und 15.

Der Triebwagen Nr. 15, Baujahr 1909.

Train Nostalgique du Trient
Route de la Caux 16
CH-1922 Salvan
Tel. +41 27/761 13 91
info@trainnostalgique-trient.ch
www.trainnostalgique-trient.ch

Dampfbahn Furka-Bergstrecke

Die Furka-Bahngesellschaft wurde 1910 gegründet, im Jahr darauf wurde mit dem Bau der Bahn durch die BFD Brig-Furka-Disentis-Bahn begonnen, 1914 erfolgte die Eröffnung der ersten Teilstrecke. Aufgrunddes Ersten Weltkriegs wurde erst 1924 durch die neue FO Furka-Oberalp-Bahn weitergebaut. Hochwasser und Lawinen zerstörten immer wieder Teile der Bahnanlagen und auch Lokomotiven. Der neue Furka-Basistunnel, 1982 eröffnet, machte die Bergstrecke, die schon 1981 eingestellt worden war, zu einer unnötigen Strecke. Eisenbahnfreunde gründeten 1983 den Verein Furka-Bergstrecke, der 1985 umgewandelt wurde in eine nicht gewinnorientierte Dampfbahn Furka-Bergstrecke AG. Zur Unterstützung der Gesellschaft wurde 2017 der Verein Dampflokfreunde Furka-Bergstrecke ins Leben gerufen.

Die Strecke wurde saniert, Fahrzeuge wurden gekauft und aufgearbeitet. Ab 1992 konnten Teilstrecken in Betrieb genommen werden, 2010 war die Bergstrecke wieder vollständig befahrbar.

Die 17,8 Kilometer lange Zahnradstrecke der Schmalspur 1000 mm führt von Realp im Kanton Uri, 1546 Meter über NN, nach Tiefenbach, 1849 Meter, Furka, 2163 Meter, durch den 1874 Meter langen Furka-Scheiteltunnel, weiter nach Muttbach, 2120 Meter, Gletsch, 1762 Meter, nach Oberwald im Kanton Wallis, 1366 Meter.

Fahrtage sind Donnerstag bis Sonntag von Mitte Juni bis Ende September; von Juli bis Mitte August täglich je mehrmals. Von Freitag bis Sonntag von Ende Juni bis Ende September fahren Dieselzüge unter dem Motto »Abenteuer Rottenschlucht« ins Quellgebiet der Rhône. In diesem Zeitraum werden auch kombinierte Fahrten mit Dampf und Diesel veranstaltet. Sonder- und Charterfahrten werden durchgeführt.

Die Dampfloks auf der Bergstrecke sind die HG 2/3 Nr. 6 »Weisshorn« und Nr. 7 »Breithorn«, SLM, 1902, 1925 und 1921 zu Heißdampf-Loks umgebaut; HG 3/4, Nr. 1, 4, 9, SLM, 1913-1914; aus Vietnam, wohin einige Loks HG 4/4 1924 geliefert worden waren, kamen Nr. 704 und 708 im Jahr 1990 zurück, wurden aufgearbeitet und sind in Dienst.

DFB Dampfbahn-Furka-Bergstrecke AG
Schweigstr. 11
CH-6491 Realp UR
Tel. +41 4158/5902121
reisedienst@dfb.ch
www.dfb.ch

Dampfzug mit Lok HG 3/4 Nr. 1 zwischen Gletsch und Muttbach.

Das 136 Meter lange Landwasserviadukt der Albulalinie.

Rhätische Bahn

Als Schmalspurbahn, Spurweite 1000 mm, wurde 1888 die LD Landquart-Davos AG gegründet. Als Adhäsionsbahn konnte im Jahr darauf der erste Streckenabschnitt eröffnet werden. Durch Erwerbungen anderer Eisenbahnen und Erweiterungen des Netzes wuchs die Bahn beständig und änderte 1895 ihren Namen in Rhätische Bahn (Ferrovia Retica, Viafier Retica). Heute hat das Streckennetz eine Ausdehnung von 384 Kilometern. Die Züge fahren ganzjährig nach Fahrplan.

Die Albulalinie der Rhätischen Bahn im Kanton Graubünden verbindet Thusis am Hinterrhein, 697 Meter über NN, mit St. Moritz im Engadin, 1775 Meter. Die 61,67 Kilometer lange Strecke wurde 1898 begonnen und 1904 vollendet. Sie führt über 144 Brücken und durchläuft 42 Tunnel und Galerien. Wie auch die Berninalinie wurde sie 2008 als UNESCO-Welterbe anerkannt.

In Bergün ist das Bahnmuseum Albula zu besichtigen, Dienstag bis Freitag und Sonntag 10 bis 17 Uhr, Samstag 10 bis 18 Uhr.

Die Berninalinie (Ferrovia del Bernina, Viafier dal Bernina) war bis zum Zweiten Weltkrieg die eigenständige BB Berninabahn. Sie verbindet St. Moritz über den Berninapass auf 60,68 Kilometern mit Tirano in Italien. Dabei überwindet sie 196 Brücken und durchfährt 55 Tunnel. Wie die Albulalinie gehört die Berninalinie zum UNESCO-Welterbe.

Die Arosalinie, 1914 errichtet, um Chur mit Arosa zu verbinden, ist 26 Kilometer lang.

Der Glacier Express, amtlich abgekürzt GEX, startete erstmals am 25. Juni 1930 um 7.30 Uhr in Zermatt. Er ist ein Schnellzug, wenn auch »der langsamste Schnellzug der Welt«. In ungefähr acht Stunden fährt er über 291 Brücken, durch 91 Tunnel und über den 2033 Meter hohen Oberalppass. Nach 291 Kilometern ist über Andermatt, Chur, Davos und einigen Zwischenhalten St. Moritz erreicht.

Auf dem gesamten Streckennetz der Rhätischen Bahn fahren moderne Züge. Manchmal kommen auch historische Fahrzeuge zum Einsatz. Davon sind hier erwähnt die Dampfloks G 3/4 1-16, 1889-1928; G 2x2/2 21-22, 1891-1920; G 2/2 23, 1896; G 2/3 24, 1926; G 2/3 und G 2/2 25-32, 1896-1921; G 4/5 101-129, 1904-1927.

Mit dem Bernina-Express von den Gletschern zu den Palmen.

Rhätische Bahn AG

Bahnhofstraße 25
CH-7001 Chur
Tel. +41 81/288 61 00
contact@rhb.ch
www.rhb.ch

Ferrovia Monte Generoso

Die Monte-Generoso-Bahn wurde 1890 eröffnet und führt auf der neun Kilometer langen Zahnradstrecke der Spurweite 800 mm von Capolago Lago am Luganersee, 273 Meter über NN, über Capolago-Riva San Vitale, S. Nicolao, Bellavista nach Generoso Vetta an der italienischen Grenze auf 1.605 Meter Höhe. Vier Tunnel werden dabei durchfahren. Vom Gipfel gehen die Blicke über die Berge und die Seen Lago di Lugano, Lago Maggiore, Lago di Como und Lago Varese. Auf dem Berg thront die »Felsblume« (Fiore di Pietra), ein Bauwerk von Mario Botta mit zwei Restaurants und einem Konferenzraum.

Von Ende März bis Ende Oktober (nicht bei schlechtem Wetter) fahren die Züge mehrmals täglich auf den Berg. Dabei kommen moderne oder modernisierte Dieselloks zum Einsatz. An den jeweils zweiten und dritten Sonntagen fährt einmal am Tag ein Dampfzug auf den Monte Generoso. Vor die Wagen ist die Lok H 2/3 2, SLM, 1890 gespannt, die älteste betriebsfähige Dampflok der Schweiz.

Ferrovia Monte Generoso SA
Via Lüera 1
CH-6825 Capolago
Tel. +41 91/630 51 11
info@montegeneroso.ch
www.montegeneroso.ch

Blick von der Zugstrecke auf den Luganersee.

Die »Felsblume« mit der Endhaltestelle auf dem Berg.

Swiss Railpark St. Gotthard

Der Verein CSG Swiss Railpark St. Gotthard engagiert sich im Tessin für die Restaurierung und Konservierung von historischem Bahnmaterial (historische Dampf-, Elektro- und Diesellloks, Personen- und anderen Wagen), um touristische Reisen mit historischen Eisenbahnkonvois anzubieten. Beispielsweise von Basel und Luzern bzw. Zürich entlang der herrlichen Gotthardstrecke nach Bellinzona und Locarno.

Swiss Railpark St. Gotthard
Club del San Gottardo
Lagerstr. 1
CH-5210 Windisch
Tel. +41 56/566 52 22
info@ssbhistoric.ch
www.clubsangottardo.ch
www.sbbhistoric.ch

Register

Deutschland

Österreich

Schweiz

Bildnachweis

Wikimedia Commons:

17 (o): Phil Richards/CC BY-SA 2.0; 20 (o): Pimvantend/ CC BY 3.0; 27 (u): Stefan Flöper/ CC BYSA 3.0; 62 (o): Manfred Kopka/ CC BY-SA 4.0; 73 (o): NearEMPTiness/ CC BY-SA 4.0; 73 (u): NearEMPTiness/ CC BY-SA 4.0; 79 (u): Morty/ CC BY-SA 3.0; 88 (u): Rudolf Klein/ CC BY-SA 3.0; 91 (o): Clic/ CC BY-SA 4.0; 91 (u): Clic/ CC BY-SA 4.0; 102 (o): RaBoe/Wikipedia/ CC by-sa 3.0; 102 (u): JuergenG/ CC BY-SA 3.0; 113 (u): Reinhold Möller/ CC BY-SA 4.0; 117 (u): Baier/ CC BY-SA 3.0; 118 (u): Global Fish/CC BY-SA 4.0; 123 (u): Kora27/ CC BY-SA 4.0; 131 (u): Rufus46/ CC BYSA 3.0; 135 (u): Ingbife/ CC BY-SA 4.0; 141 (o): Moodle2007/ CC BY-SA 2.0 DE; 156 (o): Herbert Ortner/ CC BY 3.0

KI-generierte Bilder

Seite 184, 187 (2x), 188

Alle anderen Bilder

stammen von den Vereinen und Betreibern der Bahnen. Vielen Dank.
Sollte aus Versehen eine Fotografin oder ein Fotograf nicht genannt sein, bitten wir um Entschuldigung und eine Nachricht.

Dampf bei der Preßnitztalbahn: 99 542 verkehrte mit diesem Fotozug am 24. Mai 2022 als 99 569. Die Aufnahme gelang an der Stützmauer bei Schmalzgrube.

WEITERE INTERESSANTE BÜCHER ZUM THEMA

Ein Stück Eisenbahngeschichte zum Staunen und Träumen! Über 50 historische Loks und Triebwagen erzählen in diesem Buch die faszinierende Geschichte der deutschen Eisenbahn - von den Tagen der Dampfriesen bis zu den eleganten Elektroloks. Ein Buch voller Wissen und Nostalgie.
144 Seiten, 150 Abb., 170x240 mm
ISBN 978-3-613-71788-6
€ 19,95 | € (A) 20,60

Dieser Klassiker von Thomas Estler beschreibt sämtliche Dampflokomotiven, die von den Anfängen bis heute in den Diensten der Deutschen Reichsbahn-Gesellschaft, der Deutschen Bundesbahn, der Deutschen Reichsbahn der DDR und der Deutschen Bahn AG standen.
192 Seiten, 300 Abb., 210x280 mm
ISBN 978-3-613-71726-8
€ 19,95 | € (A) 20,60

Der Autor nimmt die Leser mit auf eine unterhaltsame Reise durch die faszinierende Welt der Lokomotiven und Triebwagen in Deutschland, Österreich und der Schweiz. Dabei vermitteln sie interessantes Wissen über die Geschichte der Dampf-, Elektro- und Dieseltraktion in den drei Ländern.
224 Seiten, 520 Abb., 210x280 mm
ISBN 978-3-613-71743-5
€ 18,95 | € (A) 19,50

Dieses Buch führt den Leser von den Anfängen der Dampflok bis zur modernen Eisenbahn. Leicht verständliche Texte, Originalfotos, Streckenkarten, Schnittgrafiken und zeitgenössische Illustrationen machen den Band für alle Bahnenthusiasten zu einem Referenzwerk deutscher Eisenbahngeschichte.
304 Seiten, 300 Abb., 215x270 mm
ISBN 978-3-613-71725-1
€ 24,90 | € (A) 25,60

Leseprobe zu allen Titeln auf unserer Internetseite

trans press

Überall, wo es Bücher gibt, oder unter
WWW.MOTORBUCH-VERSAND.DE
Service-Hotline: 0711 / 78 99 21 51
www.facebook.com/MotorbuchVerlag

Stand Januar 2026
Änderungen in Preis und Lieferfähigkeit vorbehalten.